ASTRONOMIE
IN 30 SEKUNDEN

ASTRONOMIE IN 30 SEKUNDEN

Die 50 atemberaubendsten astronomischen Entdeckungen erklärt in einer halben Minute

Herausgeber
François Fressin

Vorwort von
Martin Rees

Beiträge von
Darren Baskill
Zachory K. Berta
Carolin Crawford
Andy Fabian
François Fressin
Paul Murdin

Librero

Titel der Originalausgabe: *30-Second Astronomy*

www.librero-ibp.com

Zuerst 2013 in Großbritannien bei Ivy Press
erschienen, einem Imprint der Quarto Group

Herausgeber: Jason Hook
Creative Director: Peter Bridgewater
Redaktion: Caroline Earle
Gestaltung: Ginny Zeal
Illustrationen: Ivan Hissey

Aus dem Englischen von Anne Döbel
(für iMport/eXport)
Lektorat: Anika Seemann
Satz: Studio Frontaal, Groningen, Niederlande

Gedruckt und gebunden in China

ISBN 978-94-6359-732-6

INHALT

VORWORT

Martin Rees

Der Nachthimmel ist für alle weltweit sichtbar.
Immer schon blickten Menschen zu dem „Himmelsgewölbe" hinauf, jede Kultur deutete ihn auf ihre eigene Weise. Seit den Babyloniern wurden Muster der Planetenbewegungen festgehalten. Die Notwendigkeit, einen exakten Kalender erstellen oder über die Meere navigieren zu können, regte Fortschritte in der Zeiterfassung, der Optik und Mathematik an. Die Astronomie war schon immer ein Antrieb für die Entwicklung neuer Technologien. Und dank riesiger Teleskope, Sonden und hochentwickelter Computer haben die Astronomen unserer Tage das erstaunliche Panorama entdeckt, das in diesem Buch beschrieben wird.

Theoretiker, wie ich selbst, hängen mit ihrem Wissen weit hinterher. Aber wir holen auf. Wir können die kosmische Geschichte bis zu ihrem geheimnisvollen Anfang vor etwa 14 Milliarden Jahren zurückverfolgen, als alles zu enormer Hitze und Dichte zusammengequetscht wurde, die in keinem Labor je erzeugt werden könnte. Wir verstehen im Großen und Ganzen, wie die ersten Atome, Sterne und Galaxien entstanden. Wir haben erkannt, dass unsere Sonne in unserer Galaxie ein typischer Stern unter Milliarden anderer ist, und dass unsere Galaxie nur eine von Milliarden weiterer ist, die durch riesige Teleskope zu sehen sind. Dazu kommt, dass einige Theoretiker vermuten, dass eine weitere „kopernikanische Wende" bevorsteht: Die physikalische Realität ist mit an Sicherheit grenzender Wahrscheinlichkeit größer als das, was wir sehen. Unser „Urknall" könnte nämlich auch nur einer von vielen sein.

Die Fortschritte der letzten Zeit haben nicht nur unseren kosmischen Horizont erweitert, sie haben uns auch mehr Details erschlossen. Wir schickten Sonden auf Planeten unseres Sonnensystems (und ihre Monde), die uns Bilder vielfältiger und markanter Welten zurücksandten. Noch wichtiger ist, dass wir anhand kleiner Veränderungen in der Laufbahn und Helligkeit von Sternen entdeckt haben, dass die meisten von einem Gefolge von Planeten umkreist werden, so, wie die Erde und die bekannten Planeten die Sonne umkreisen. In den nächsten Jahren werden wir von weiteren faszinierenden neuen Daten überschwemmt werden – vielleicht auch über außerirdisches Leben.

Unser hellster Nachbar
Die Venus ist unter anderem deshalb so gut zu sehen, weil ihre schwefelhaltigen Wolken über ihrer Atmosphäre das Sonnenlicht reflektieren. Die Venus ist der Erde am nächsten und mit Raumsonden erreichbar. Die heiße, tödliche Atmosphäre verbietet allerdings eine Erforschung ihrer Oberfläche durch Menschen.

Die Astronomie erfährt mehr Zuspruch als je zuvor – ihre Entdeckungen sind Teil der modernen Kultur geworden. Die Freude daran ist nicht mehr nur Profis überlassen. „Bürgerwissenschaftler" sind daher gefragt. Sie erhalten Zugang zu Daten, die von den weltbesten Teleskopen stammen, zur Auswertung. Womöglich entdecken sie dabei sogar eine neue Galaxie oder einen neuen Planeten. Und engagierte Amateure mit kleinen Teleskopen der neuesten Ausstattung können sich mit dem messen, was Profis mit ihren riesigen Teleskopen vor fünfzig Jahren leisteten. Die technischen Details der modernen Wissenschaft sind schwer zugänglich, doch kann die Essenz jeder Entdeckung verständlich vermittelt werden. Ein Konzept auf 30 Sekunden zu komprimieren, ist eine Herausforderung, die hier auf sensationelle Weise gemeistert wurde. Dieses Buch verdient eine große Leserschaft unter denen, die von dem außergewöhnlichen „Zoo" an Objekten im Weltraum fasziniert sind – ein Weltraum, in dem physikalische Gesetze herrschen und der die Entstehung von Leben ermöglichte (auf der Erde und vielleicht auch an anderen Orten) und Lebewesen hervorbrachte, die in der Lage sind, über seine Wunder und Geheimnisse nachzudenken.

EINFÜHRUNG

François Fressin

Fast alles, was wir über das Universum herausgefunden haben, führte zu der Erkenntnis, dass die Erde unbedeutend ist. Verglichen mit dem Rest des Universums ist die Erde wie ein Tropfen Wasser im Meer oder wie ein Sandkorn in der Wüste. In allen Gebieten der Forschung waren Astronomen sowohl über die Ausmaße astrophysikalischer Strukturen als auch von ihrer Vielfalt überrascht.

Astronomische Erkenntnisse machen aber auch deutlich, wie eng wir mit dem Kosmos verbunden sind. Wir erfahren etwas über das Sonnensystem und begreifen das Zusammenspiel seiner Bestandteile in Bezug auf die Entstehung von Leben auf der Erde und seiner Evolution. Kometen sind für die enormen Wassermassen verantwortlich, die unsere Weltmeere bildeten. Der Mond verlangsamt die Erdrotation und erzeugt Tiden und Jahreszeiten. Jupiter zerschmetterte Asteroiden, die ansonsten dramatisch auf die Erde aufgeschlagen wären. Unsere Verbindung zu den Sternen ist sogar noch stärker. Die Luft, die wir atmen, das Eisen in unserem Blut, der Kohlenstoff in unseren Körpern – das alles stammt aus dem Kern eines Sterns, der vor Milliarden von Jahren starb.

Der Astronomie wohnt diese seltsame Dualität zwischen Kostbarkeit und Bedeutungslosigkeit inne. Ein Menschenleben ist so gut wie nichts angesichts der Unermesslichkeit des Alls und der Zeit. Dennoch hat bisher nirgendwo jemand wie Sie vor Ihnen existiert. Wird Spiritualität als innerer Weg definiert, durch den Menschen ihre Essenz entdecken, dann ist die Astronomie definitiv eine spirituelle Erfahrung.

Unsere Themen werden Ihnen einen Eindruck dieser Unermesslichkeit und Vielfalt vermitteln. Einhörner, übersinnliche Ereignisse oder fliegende Städte können wir uns leicht vorstellen, aber wie sieht es mit Objekten aus, die so massiv sind, dass sie Raum und Zeit verzerren, oder mit Dunkler Energie, die das Universum auseinanderschiebt? Was halten Sie davon, dass Ihr zum Himmel gereckter Finger Millionen von Galaxien bedeckt, jede mit Milliarden von Sternen wie der Sonne? Oder dass Sie auf einer Matschkugel stehen, die für immer durch die Leere fliegt? Diese Szenarios fallen schon schwerer, dennoch spiegeln sie die echte Welt wider.

Riesenplaneten
Trotz ihrer Größe wurden Uranus und Neptun erst nach der Erfindung des Teleskops von Astronomen entdeckt.

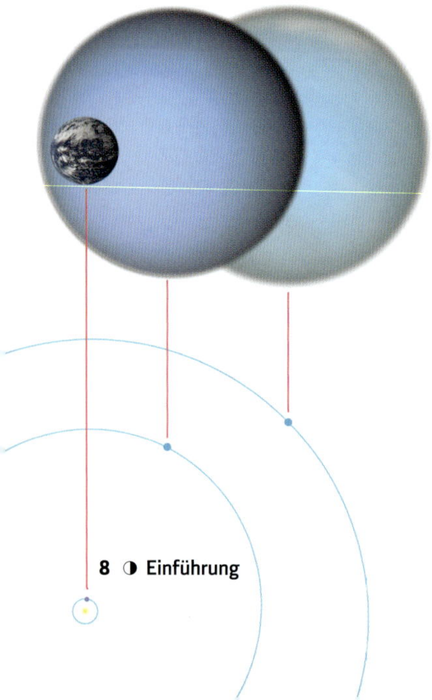

Häufig werden Wissenschaftler als gefühllose und logische Menschen dargestellt, die herausfinden wollen, wie alles funktioniert, statt einfach über die Schönheit der Welt nachzudenken, oder die ein Geheimnis lieber aufdecken, statt es als heilig, als unberührbar anzusehen. Ich finde, dass das Verständnis für die natürliche Welt ihre Fähigkeit, emotionales Staunen auszulösen, nicht schmälert.

Astronomie in 30 Sekunden stellt 50 unglaubliche astronomische Entdeckungen vor, von Experten verschiedener Forschungsbereiche zusammengefasst, die sich der Aufgabe gestellt haben, jedes Thema bezüglich astronomischer Phänomene knapp und verständlich auf den Punkt zu bringen.

Die sieben Themenbereiche sind grob nach ihrer Entfernung zur Erde und dem Zeitpunkt ihrer Entdeckung eingeteilt. Als erstes geht es um die **Planeten** – Welten von nebenan. Der zweite Teil beschreibt Objekte im **Sonnensystem**, Kometen und Asteroiden, die in diesem kleinen Teil vorkommen, in dem sich alles um die Sonne dreht. Bereich drei dreht sich um die **Sterne**, speziell ihr dramatisches Ende, das manchmal in Supernova-Explosionen aufgeht und zur Bildung von Pulsaren oder Schwarzen Löchern führt. Der Abschnitt **Milchstraße** erklärt den Nachthimmel und wie Millionen von Sternen sich auf die Galaxien verteilen. Im fünften Themenbereich, dem **Universum**, finden Sie das aktuelle Wissen über den Beginn der Zeit, den Urknall und die Vorfahren der Sterne und Galaxien. **Raum & Zeit** führt die Prinzipien auf, die die Bewegungen astrophysischer Objekte lenken, und was wir durch ihr Licht, das uns trifft, lernen können. Der letzte Abschnitt, **Andere Welten**, führt uns zu den Anfängen der Himmelbeobachtung, als Menschen sich fragten, ob es weitere Erden gibt – mit Leben darauf. Es wird über die neuesten Erkenntnisse der Planeten, die etwas anderes als die Sonne umkreisen, berichtet. Jeder Themenbereich stellt einen Vorreiter des jeweiligen Felds vor, etwa Edwin Hubble oder Carl Sagan.

Das Buch kann auf zweierlei Art benutzt werden. Sie können entweder einen Eintrag herauspicken, um etwas über schwarze Löcher zu erfahren oder nachzulesen, wonach der Rover *Curiosity* auf dem Mars sucht. Oder Sie beginnen am Anfang, um sich über den aktuellen Wissensstand zu informieren. Und so, wie wir uns selbst nicht wirklich kennen, wenn wir nicht mit anderen Menschen interagieren, oder unser Land, wenn wir nicht reisen und in anderen Ländern leben, mag der Blick auf andere Welten und das Nachdenken über unsere Erde in der Unermesslichkeit des Raums ein kleiner Schritt zu einem Bewusstsein sein, was es bedeutet, diese Welt zu bewohnen.

Dramatischer Abgang
Riesensterne leuchten heller und leben kürzer als langsam verbrennende Zwergsterne. Je größer der Stern, umso geringer seine Lebensdauer, die in einer Supernova-Explosion endet und einen Neutronenstern oder ein Schwarzes Loch hinterlässt.

DIE PLANETEN

DIE PLANETEN
GLOSSAR

Apollo-Programm Initiative der U.S. National Aeronautics and Space Administration (NASA), Menschen auf den Mond zu fliegen, gegründet 1961, es folgten 17 Missionen in den Jahren 1967–1972. *Apollo 11* brachte am 20. Juli 1969 die ersten Menschen auf die Oberfläche des Mondes, *Apollo 17* war der letzte Flug des Programms im Dezember 1972. Insgesamt fanden sechs Mondlandungen statt, bei denen 12 U.S.-Astronauten den Mond betraten.

Atmosphäre Gasschicht, die einen Planeten oder anderen Körper mit ausreichender Masse umgibt, darunter Sterne. Die Schwerkraft bestimmt die Form der Atmosphäre.

ausgasen Das Abgeben von Gas, das von einer Oberfläche eingeschlossen, absorbiert oder darin eingefroren war, beispielsweise in einem Ozean oder im Gestein eines Planeten.

Biomasse Biologisches Material aus lebenden oder bis vor Kurzem lebenden Organismen.

dünn Mit wenig Dichte. Beschreibt die Atmosphäre eines Planeten.

erdnahe Umlaufbahn Umlaufbahn der Erde in einer Höhe von 145–1000 km. Alle bemannten Raumflüge, außer Apollo, finden darin statt, alle bemannten Raumstationen und die meisten Satelliten befinden sich dort.

Gasriese Ein großer Planet, der hauptsächlich aus Gas statt aus Gestein besteht. Die vier Gasgiganten unseres Sonnensystems sind Jupiter, Saturn, Uranus und Neptun. Jenseits des Sonnensystems existieren weitere, die andere Sterne umkreisen.

Kern Zentrum eines Planeten oder Sterns.

Kruste Feste Außenschicht eines Planeten oder natürlichen Satelliten.

Mantel Auf der Erde eine rund 2900 km dicke Schicht zwischen dem äußeren Erdkern und der Oberfläche (Kruste).

Mare Gebiete auf der Mondoberfläche mit basaltischer Lava. (Basalt ist ein grau-schwarzer Vulkanstein.) Frühere Astronomen hielten sie irrtümlich für Wasserflächen und nannten sie *mare* (Lateinisch für „Meer" oder „Meere"). Zu diesen Gebieten gehören das Mare Nubium („Wolkenmeer") und das Mare Serenitatis („Meer der Heiterkeit"). Zusammen bedecken sie etwa 16 Prozent der Mondoberfläche. Sie erscheinen als dunkle Flecke auf dem Mond, die mit bloßem Auge zu sehen sind und Muster bilden, die von manchen Kulturen als „Mann im Mond" gedeutet werden.

Meteor Allgemeinhin „Komet" genannt, bezeichnet der Begriff einen Lichtstrahl, der sichtbar ist, wenn Gestein oder Staub brennend durch die Atmosphäre eines Planeten fallen.

Meteoroid Kleiner Gesteinsbrocken in unserem Sonnensystem, kleiner als ein Asteroid.

Meteorit Meteoroid, der auf der Oberfläche eines Mondes oder Planeten gelandet ist.

Meteorschauer Das Auftreten mehrerer Meteore in kurzer Folge.

Mond Auch natürlicher Satellit genannt, ein astronomischer Körper, der einen Planeten (oder kleineren Körper) umkreist, auch „Hauptmond" genannt. Der Mond der Erde ist der fünfgrößte natürliche Satellit unseres Sonnensystems nach Ganymed (der größte, gehört zu Jupiter), Titan (zweigrößter, Saturn) sowie Kallisto und Io (dritt- und viergrößter, beide von Jupiter).

Ökologische Nische Umgebung für die Bedürfnisse einer speziellen Spezies.

Protoplanet „Embryo" oder Anfangsformation von Planeten in Form einer protoplanetaren Scheibe (Wolke aus Staub und Gas um einen neuen Stern). Sie entstehen durch den Zusammenprall kleinerer Planetesimale. Wenn mehrere Protoplaneten einen Stern umkreisen, kollidieren sie und bilden einen oder mehr Planeten.

Regolith Jede lockere Mischung wie Erde oder Steinchen, die festes Gestein bedeckt, von den griechischen Worten für „Decke" und „Stein". Findet sich auf der Erde, dem Mond und auf anderen Planeten, Monden und Asteroiden.

Ringsystem Auch als „Planetenring" bekannt, ein scheibenförmiges Gebilde aus Staub und Teilchen (bis zu mehreren Metern groß) um einen Planeten. Das berühmteste Ringsystem unseres Sonnensystems umgibt Saturn. Auch Neptun, Uranus und Jupiter haben Planetenringe.

tektonische Platten Bewegliche Teile einer Planetenkruste (äußere Oberfläche) und Teile des oberen Mantels (die Schicht direkt unter der Kruste).

Treibhauseffekt Prozess, bei dem Hitze, die von der Planetenoberfläche ausgestrahlt wird, durch Gase in der Atmosphäre absorbiert und anschließend in alle Richtungen abgegeben wird (auch wieder nach unten auf die Oberfläche). Dadurch steigt die Temperatur auf der Oberfläche und unterhalb der Gase der Atmosphäre. Auf der Erde gibt es den Treibhauseffekt, aber auch zum Beispiel auf der Venus, wo er weit stärker ist als auf der Erde.

MERKUR

in 30 Sekunden

3-SEKUNDEN-KNALL
Benannt ist er nach dem altrömischen Götterboten Merkur. Er ist ein sich schnell bewegender Planet der Extreme – bei Tag sehr heiß, in der Nacht sehr kalt.

3-MINUTEN-ORBIT
Merkurs Umlaufbahn ist die ausgeprägteste Ellipse aller Planeten und er ist der Sonne am nächsten, so dass er einer Vielzahl von Gravitationskräften ausgesetzt ist. Dadurch wird sein Orbit zur Teststation für die Theorie der Schwerkraft. Seine Umlaufbahn entspricht nicht genau Isaac Newtons Theorie, aber Albert Einsteins Theorie der Schwerkraft, bekannt als Allgemeine Relativitätstheorie, erklärte die Anomalie – und war der erste Beweis, dass die Relativitätstheorie Newtons Theorie übertrumpfte.

Merkur ist der kleinste der acht Planeten mit einem Durchmesser von 4879 km. Er ist der Sonne am nächsten und auf der eigenen Umlaufbahn der schnellste: Merkur umkreist die Sonne innerhalb von 88 Erdentagen. Er rotiert in 59 Tagen einmal um die eigene Achse und dreht sich dreimal um seine Achse in der Zeit, in der er zweimal um die Sonne kreist. Aufgrund dieser Rotation im Verhältnis zur Sonne ist sein Kalender bizarr: Ein einziger Tag auf dem Merkur (von Sonnenaufgang bis Sonnenuntergang) dauert zwei Merkurjahre oder 176 Erdentage. Auf dem Merkur gibt es keine Jahreszeiten, aber die größten Temperaturunterschiede aller Planeten unseres Sonnensystems – von 400 °C mittags am Äquator bis -200 °C nachts an den Polen. Besonders niedrige Temperaturen herrschen an den immer schattigen, eisbedeckten Böden seiner Polarkrater. Merkur hat eine feste Oberfläche mit Kratern darauf, ähnlich dem Mond. Seine Atmosphäre ist dünn (mit wenig Dichte) und besteht aus Atomen der Sonne, die er von der Sonne übernahm, oder die seine heiße Oberfläche ausgast. Merkurs Krater entstanden auf dieselbe Art wie die des Mondes, durch Asteroiden- und Meteorhagel.

VERWANDTE THEMEN
Siehe auch
MOND
Seite 20

ELLIPSEN & ORBITS
Seite 120

SCHWERKRAFT
Seite 124

RELATIVITÄT
Seite 126

3-SEKUNDEN-BIOGRAFIE
ALBERT EINSTEIN
1879–1955
Schweizerisch-US-amerikanischer theoretischer Physiker

30-SEKUNDEN-TEXT
Paul Murdin

Mit nur wenig Atmosphäre als Isolationsschicht fallen die Temperaturen auf dem Merkur in der Nacht um Hunderte Grade.

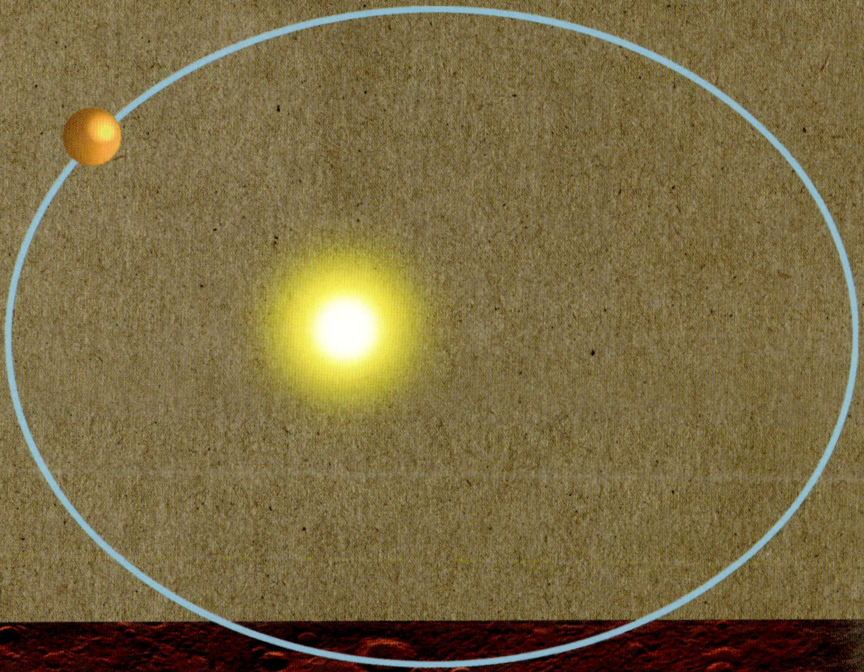
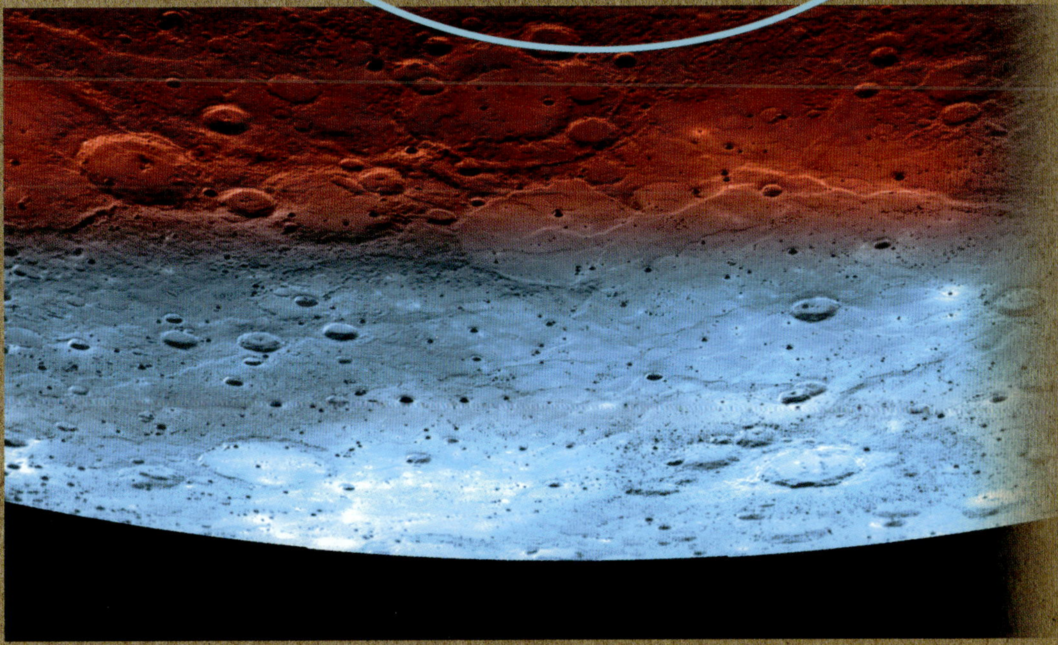

VENUS

in 30 Sekunden

Venus hat einen Durchmesser von 12.104 km und ist damit etwa so groß wie die Erde. Sie umkreist die Sonne einmal in 224 Tagen auf der Umlaufbahn der Erde und dreht sich in 243 Tagen einmal um sich selbst – rückwärts. Wie die Erde besitzt die Venus eine Atmosphäre, aber sie ist heiß und dicht und besteht vornehmlich aus Kohlendioxid, das einen intensiven Treibhauseffekt verursacht, der die Hitze der Sonne unterhalb der Atmosphäre gefangen hält. Daher rührt die hohe Temperatur von 480 °C auf der Venus – ausreichend, um Zinn zu schmelzen. Von außen betrachtet sieht man die dichten Wolken der Atmosphäre, die die Oberfläche komplett verschleiern. Von unten gesehen ist der Himmel schweflig gelb, wie Aufzeichnungen von Raumfahrzeugen zeigten. Venus wurde mittels wolkendurchdringenden Radars von der Erde und vom Raumsatelliten *Magellan* (1990–1994) aus kartografiert. Die Oberfläche ist völlig trocken und besteht aus schuppigem, schwarzem Vulkangestein. Mehr als 100 Vulkane mit ausgehärteten Lavaflüssen gibt es dort. Die meisten Vulkane auf der Erde entstanden durch aufsteigendes Magma, das die Oberfläche des Planeten an den Kanten aufeinanderstoßender tektonischer Platten durchstieß – die Venus hat keine tektonischen Platten, ihre Vulkane werden durch Schwachstellen in der Oberfläche gespeist.

3-SEKUNDEN-KNALL
Der Zwillingsplanet der Erde, die Venus, hat Katastrophen erlebt, die seine Oberfläche in eine Hölle aus heißem, schwarzem Gestein unter einem Himmel aus Schwefel verwandelten.

3-MINUTEN-ORBIT
Die zur Venus entsandten Raumfahrzeuge müssen verstärkt werden, damit sie dem atmosphärischen Druck (90-mal höher als auf der Erde) und dem Schwefelregen aus den Wolken standhalten. Und sie müssen die sengende Hitze überstehen. Fahrzeuge, die den Anflug überlebten und landeten, ohne umzukippen, funktionierten nur etwa eine Stunde lang. Die Existenz außerirdischen Lebens auf der Venus scheint ausgeschlossen.

VERWANDTE THEMEN
Siehe auch
METEORE
Seite 48

AUßERIRDISCHES LEBEN
Seite 138

3-SEKUNDEN-BIOGRAFIE
CARL SAGAN
1934–1996
Amerikanischer Astronom, identifizierte den Treibhauseffekt auf der Venus

30-SEKUNDEN-TEXT
Paul Murdin

Während ihres Transits vor der Sonne, ist die Venus ein glatter schwarzer Punkt, Raumsatelliten haben jedoch gezeigt, dass sie eine vulkanische Wüstenei ist.

ERDE

in 30 Sekunden

Die Erde ist eine dichte Kugel aus Eisen und Stein, sie ist der größte feste Körper unseres Sonnensystems. Sie entstand vor 4,5 Milliarden Jahren aus einer Masse aus Staub und Gas, Überbleibsel nach der Zusammensetzung der Sonne. Die Formierung der Erde war praktisch nach 10 Millionen Jahren abgeschlossen, dennoch ist ihre Gestaltung noch nicht abgeschlossen, da die Erde weiterhin geologisch aktiv ist. Die Erdkruste ist in 15 Segmente aufgeteilt, den tektonischen Platten, die zwischen 5 und 50 km dick sind und auf einem Silikatmantel schwimmen, darunter befindet sich ein Kern aus Eisen und Nickel. Die Erdoberfläche, eine dünne Schicht kleiner Gesteinskörper auf einem Planeten, der einen typischen Stern einer durchschnittlichen Galaxie umkreist, ist der bislang einzige bekannte Ort, an dem Leben existiert. Das Leben auf der Erde entstand in den ersten Milliarden Jahren und brachte Millionen von Arten hervor. Die Vegetation ist die beherrschende Lebensform auf der Erde, zumindest hinsichtlich ihrer Biomasse und Auswirkung auf die Umwelt. Sie hat die atmosphärische Zusammensetzung der Erde verändert und könnte möglicherweise aufgrund ihrer charakteristischen Infrarotreflektion aus den Tiefen des Alls entdeckt werden.

3-SEKUNDEN-KNALL
Der Astronom Carl Sagan sagte über die Erde: „Das ist hier. Das ist unser Zuhause. Das sind wir … ein Staubkorn, das auf einem Sonnenstrahl schwebt."

3-MINUTEN-ORBIT
Seit die ersten Satelliten Fotos von der Erde aufnahmen, wurde sie häufig „der blaue Planet" genannt, weil das Blau der Ozeane vorherrschte. Tatsächlich macht Wasser nur etwa 0,02 % der Erdmasse aus. Die Meere sind wie ein dünnes, blaues Blatt Papier, das auf einem braunen Ball liegt. Und nur 0,01 % des Wassers ist zugängliches Süßwasser, auf das Millionen von Arten – einschließlich *Homo sapiens* – angewiesen sind.

VERWANDTE THEMEN
Siehe auch
SUPERERDEN UND OZEANPLANETEN
Seite 146

AUF ZUR NÄCHSTEN ERDE!
Seite 148

3-SEKUNDEN-BIOGRAFIE
CARL SAGAN
1934–1996
US-Astronom, Astrophysiker und Autor

30-SEKUNDEN-TEXT
François Fressin

Der Planet Erde ist eine Kugel aus Schlamm und Metall, bedeckt von einer dünnen Schicht Wasser.

MOND

in 30 Sekunden

Obwohl der Mond für uns ein völlig normaler Anblick ist, ist er einer der seltsamsten Objekte in unserem Sonnensystem. Er ist der fünfgrößte Satellit und der größte in Relation zu seinem Wirtsplaneten. Der Mond entstand vermutlich, als ein Körper der Größe des Planeten Mars auf die junge Erde aufschlug. Die versprengten Trümmer der Erde und des Körpers bildeten den Mondkörper. Nachdem er damit angefangen hatte, die Erde zu umkreisen, driftete der Mond langsam auf eine entferntere Umlaufbahn. Seine Rotation synchronisierte sich, das bedeutet, dass er sich in derselben Zeit um seine Achse wie auch um die Erde dreht, wobei er der Erde immer dieselbe Seite zuwendet. Der auffälligste Einfluss des Mondes auf die Erde ist die Gezeitenkraft, mit der er das Wasser der Erde aufgrund der stärkeren Gravitation, die auf den Teil der Erde wirkt, die dem Mond am nächsten ist, in seine Richtung zieht und so die Gezeiten verursacht. Erst 21 Menschen haben die erdnahe Umlaufbahn verlassen, alle zwischen 1969 und 1972 während des *Apollo*-Mondprogramms, das uns einen Vorgeschmack auf eine Zivilisation im Raum bescherte.

3-SEKUNDEN-KNALL

Der Mond ist der natürliche Satellit der Erde und der am weitesten entfernte Ort, zu dem jemals ein Mensch gereist ist.

3-MINUTEN-ORBIT

Der Mond hat keine Atmosphäre und seine Oberfläche ist übersät von Meteoreinschlägen. Meist auf der von der Erde sichtbaren Seite sind die Mondmeere basaltische Ebenen, die vor Urzeiten durch Vulkanausbrüche entstanden. Sehr kleine Teilchen der Kruste, Regolith genannt, bedecken die Oberfläche des Mondes und lassen ihn wie Kohle reflektieren. Sein Abstand zur Erde verändert sich auf seinem Umlauf, durchschnittlich beträgt er 384.400 km.

VERWANDTE THEMEN

Siehe auch
ERDE
Seite 18

3-SEKUNDEN-BIOGRAFIE

NEIL ARMSTRONG
1930–2012
NASA-Astronaut, erster Mann auf dem Mond

EDWIN EUGENE „BUZZ" ALDRIN
1930–
NASA-Astronaut, zweiter Mann auf dem Mond

30-SEKUNDEN-TEXT

François Fressin

Buzz Aldrin, der Pilot der Mondfähre* Apollo 11 *und zweiter Mann auf dem Mond, beschrieb dessen Landschaft als „großartige Einöde".

MARS

in 30 Sekunden

Der nach der Erde nächste Planet der Sonne ist der Mars. Ein Marsjahr ist 687 Erdenjahre lang, seine Rotation ist nach etwas mehr als 24 Stunden komplett. Mit einem Durchmesser von 6792 km ist der Mars kleiner als die Erde, kann aber mit dem höchsten Berg des Sonnensystems aufwarten – dem Vulkan Olympus Mons, 22.000 m – und einem Schluchtensystem, den Valles Marineris, das teilweise den Grand Canyon in Arizona um das Zehnfache übersteigt. Die Polkappen des Mars bestehen aus Schichten aus Wassereis und gefrorenem Kohlendioxid, die je nach Jahreszeit zu- oder abnehmen. Auf Teilen der Oberfläche bildet sich in kalten Nächten Frost, der sich in der Morgensonne auflöst. Obwohl die Atmosphäre dünn ist, lassen Oberflächenwinde Staubstürme entstehen, die bisweilen den gesamten Planeten umhüllen. An manchen Stellen sickert Wasser an Klippenwänden herab, es stammt von Eis, das unter der Oberfläche schmilzt. Früher gab es mehr Wasser auf dem Mars. In einigen Meteorkratern befanden sich Seen und noch immer gibt es Überschwemmungsgebiete mit Felsen, die nach Brüchen in Eisdämmen vom Wasser rundgespült wurden. Die Bedingungen auf dem Mars sind extrem, dennoch besteht Hoffnung, dort in Nischenumgebungen Leben zu finden.

3-SEKUNDEN-KNALL
Mars ist in unserem Sonnensystem der Erde am ähnlichsten mit Wüstenebenen, Eiskappen, Bergzügen, Vulkanen und breiten, tiefen Schluchten.

3-MINUTEN-ORBIT
Der Mars besitzt ein schwaches Magnetfeld, das, wie Restmagnetismus in altem Gestein zeigte, früher stärker war. Das Magnetfeld eines Planeten wird erzeugt durch die Zirkulation seines flüssigen Kerns aus Eisen. Der Mars erfuhr eine globale Katastrophe, ausgelöst durch das Einfrieren des Eisenkerns, was zu einer Schwächung des Magnetfelds führte, so dass Solarwind die Atmosphäre durchstieß und den Mars austrocknete.

VERWANDTE THEMEN
Siehe auch
SONNENWIND
Seite 38

AUßERIRDISCHE
Seite 138

3-SEKUNDEN-BIOGRAFIE
PERCIVAL LOWELL
1855–1916
Amerikanischer Astronom, Gründer des Lowell Observatoriums (Flagstaff, Arizona) für Marsstudien

30-SEKUNDEN-TEXT
Paul Murdin

Der winzige Rover* Sojourner *(11 kg), der die Marsoberfläche 1997 erkundete, wird überragt durch den Rover* Curiosity *(1 Tonne), der 2012 auf dem Planeten landete.

JUPITER

in 30 Sekunden

Der kalte Jupiter ist fünfmal weiter von der Sonne entfernt als die Erde und benötigt 11,86 Erdenjahre für einen Umlauf. Seine Masse ist doppelt so groß wie die aller anderen planetarer Körper des Sonnensystems zusammen. Sein Volumen ist mehr als 1300-mal höher als das der Erde, dennoch dreht sich Jupiter in weniger als 10 Stunden um sich selbst, dadurch werden seine Pole ein wenig gequetscht. Jupiter ist kein fester Körper, sondern setzt sich aus den leichtesten Elementen des Universums zusammen, hauptsächlich aus Wasserstoff und Helium. Die sichtbare „Oberfläche" des Jupiters sind die Spitzen der Wolken in den oberen Bereichen seiner gasförmigen Atmosphäre. Weiter unten wird das Gas immer stärker durch die darüberliegenden Schichten zusammengedrückt und wird heißer und dichter, bis schließlich eine Schicht aus flüssigem Wasserstoff einen Kern aus Gestein umgibt, der die zehnfache Masse der Erde aufweist. Atmosphärische Bewegungen, durch Sonnenenergie und innerer Hitze angetrieben, verursachen komplexe Wettermuster in den Wolken, die sich aufgrund der schnellen Rotation so um den Planeten legen, dass sie bunte Bänder bilden, die parallel zum Äquator verlaufen. Die häufig auftretenden Stürme werden übertroffen durch den Großen Roten Fleck, ein Sturm, der mächtig genug ist, um zwei Erden zu schlucken.

3-SEKUNDEN-KNALL
Der Jupiter ist der größte Planet unseres Sonnensystems und eine ganz andere Welt als die unsere. Er ist der archetypische Gasriese.

3-MINUTEN-ORBIT
Jupiter besitzt mehr als 60 Monde. Die vier größten – Io, Europa, Ganymed und Callisto – wurden 1610 von Galileo Galilei entdeckt. Seine Beobachtungen ihrer Bewegungen um den Riesenplaneten überzeugten ihn, dass die Sonne und nicht die Erde der Mittelpunkt unseres Sonnensystems ist. Die vier größten Monde sind etwa so groß wie unserer, die anderen aber viel kleiner und unregelmäßig geformt.

VERWANDTE THEMEN
Siehe auch
GALILEO
Seite 26

SATURN
Seite 28

URANUS & NEPTUN
Seite 30

3-SEKUNDEN-BIOGRAFIE
GALILEO GALILEI
1564–1642
Italienischer Astronom

30-SEKUNDEN-TEXT
Carolin Crawford

Mit einem Durchmesser am Äquator von 142.7000 km ist Jupiter ein Vielfaches größer als die Erde.

15. Februar 1564
Geboren in Pisa

1581
Medizinstudium an der Universität Pisa

1586
Erfand die hydrostatische Waage

ca. 1592
Erfand das Thermoskop

1592–1610
Lehrte Mathematik, Mechanik und Astronomie an der Universität Padua

1592–1610
Veröffentlichte *Sidereus Nuncius* (Sternenbote), eine kurze Abhandlung über seine Beobachtungen durch das Teleskop

1612
Beobachtete Neptun, erkannte aber nicht, dass er ein Planet ist

1616
Erste Darstellung der Bewegung der Gezeiten im *Discorso del Flusso e Reflusso del Mare* (Dialog über Ebbe und Flut der Meere), der Basis seines späteren *Dialogs*

1616
Beobachtete die Saturnringe

1616
Verteidigte die Heliozentrik vor der Römischen Inquisition

1617
Beobachtete den Doppelstern Mizar im Sternbild Ursa Major

1623
Veröffentlichte *Il Saggiatore* (Goldwaage)

1632
Veröffentlichte *Dialogo dei due Massimi Sistemi del Mondo* („Dialog über die beiden hauptsächlichen Weltsysteme") zur Verteidigung heliozentrischer Theorien

1633
Die Römische Inquisition verurteilte ihn wegen Ketzerei und stellte ihn unter Hausarrest.

1634–1638
Schrieb *Discorsi e Dimostrazioni Matematiche, intorno a due Nuove Scienze* („Unterredung und mathematische Demonstration über zwei neue Wissenszweige, die Mechanik und die Fallgesetze betreffend."), in dem er seine Arbeit über die Festigkeit von Materialien und die Geometrie der Bewegung zusammenfasst.

1638
Erblindet

8. Januar 1642
Starb in Florenz

1718
Seine Bücher durften wieder gedruckt werden

1835
Die katholische Kirche strich seine Bücher vom Index der verbotenen Bücher

GALILEO

Mathematiker, Astronom, Physiker, Künstler, Musiker, Lehrer, Arzt, Erfinder, Autor: Galileo Galilei war ein Universalgelehrter der späten Renaissance. Als Sohn eines Musikers, der selbst musikalische Qualitäten besaß, nahm er das Medizinstudium in Pisa auf, wurde aber bald von der Mathematik und Physik verführt, später lockten ihn Kunst und Ingenieurswesen. Sein Leben hindurch litt Galileo unter den finanziellen Problemen seiner Familie und war beständig auf der Suche nach Produkten, die Geld einbrachten, darunter das Thermoskop, einem Vorläufer des Thermometers, und ein Militärkompass.

Zwar war er ein bedeutender Akteur der wissenschaftlichen Revolution des 17. Jahrhunderts (Albert Einstein nannte ihn den Vater der modernen Wissenschaft, seine Arbeit im Bereich der Physik über fallende Körper ist sehr bekannt), dennoch kennen wir ihn hauptsächlich als Astronom und Kartografen des Mondes. Er verbesserte das Teleskop des deutsch-niederländischen Linsenmachers Hans Lippershey (1570–1619) und beobachtete, identifizierte und zeichnete die Phasen der Venus und die vier größten Monde von Jupiter sowie die Sonnenflecke auf. Zudem entdeckte er, dass die Milchstraße aus Milliarden von Sternen besteht. Diese ersten Beobachtungen durch ein Teleskop hielt er in seiner Abhandlung *Der Sternenbote* (1610) fest.

Galileo war ein hingebungsvoller Verfechter der heliozentrischen Theorien Kopernikus, die besagten, dass Erde, Mond und die Planeten um die Sonne kreisen. Galileo benutzte seine Beobachtungen zur Bestärkung der Theorien, nachdem die römische Inquisition 1616 entschieden hatte, dass eine heliozentrische Struktur unmöglich sei. Galileo, der aufbrausend war und mit beißendem Witz und einer gesunden Missachtung gegenüber Autoritäten ausgestattet war, wurde gewarnt, seine Theorie nicht weiter zu verfolgen. Er veröffentlichte daraufhin 1632 seinen *Dialog über die beiden hauptsächlichen Weltsysteme*. Er hatte zuvor bereits die Obrigkeit herausgefordert, und in *Der Prüfer mit der Goldwaage* (gilt heute als sein wissenschaftliches Manifest) 1623 das Experimentieren befürwortet und war damit erfolgreich gewesen. Den *Dialog* aber betrachtete der zunehmend paranoide Papst Urban VIII. als Beleidigung und der Zorn der katholischen Kirche traf Galileo. Er wurde von der Inquisition befragt, die einen „starken Verdacht auf Ketzerei" feststellte. Unter Androhung von Folter widerrief er schließlich, dennoch wurde er unter lebenslangen Hausarrest gestellt, seine Arbeiten kamen auf den Index der verbotenen Bücher. Die Welt musste bis ins frühe 19. Jahrhundert waren, bis Galileos Werke wieder zu lesen waren und er bestätigt wurde.

SATURN

in 30 Sekunden

Saturn ist ein Gasriese und der zweitgrößte Planet im Sonnensystem, sein Volumen entspricht dem mehr als 700-fachen der Erde, seine Masse ist hingegen 95-mal größer. Er hat die geringste Dichte aller Planeten – sie liegt unter der des Wassers auf der Erde. Seine dichte Atmosphäre besteht aus Wasserstoff und Helium, die einen kleinen Gesteinskern umhüllen. Sie wird durch die schnelle Rotation nach außen gedrückt, so dass sie am Äquator 10 Prozent breiter ist als an den Polen. Die unterschiedliche Drehgeschwindigkeit der beobachteten Bestandteile lässt vermuten, dass ein Tag auf dem Saturn an den Polen 25 Minuten länger dauert als am Äquator. Saturn besitzt mehr als 50 Monde – von kleinsten Möndchen, die kleiner als 1 km groß sind, bis zum gigantischen Titan, der mit einem Durchmesser von 5150 km größer ist als der Planet Merkur. Titan ähnelt der Erde: Er hat eine geschichtete Atmosphäre und ist neben der Erde das einzige bekannte Objekt in unserem Sonnensystem mit beständiger Oberflächenflüssigkeit. Viele der Saturnmonde, wie Phoebe, besitzen orbitale Eigenschaften, die darauf hinweisen, dass sie ursprünglich Asteroiden waren, die von der Anziehung des Saturns gefangen wurden.

3-SEKUNDEN-KNALL

Saturn – der am weitesten entfernte Planet, der seit der Antike bekannt ist – ist vor allem wegen seines spektakulären Ringsystems und seiner Vielfalt an Monden bekannt.

3-MINUTEN-ORBIT

Die Saturnringe bestehen aus Eis- und Gesteinsbrocken, Reste eines kleineren Mondes, der vor 100 Millionen Jahren durch Gravitationskräfte zerschmettert wurde. Die Ringe dehnen sich zwischen 6.400 und 120.700 km über dem Äquator des Saturns aus, sind allerdings nur 100 m dick. Während der Reise um die Sonne, die 29 ½ Jahre dauert, verändert sich die Neigung der Ringe von der Erde aus gesehen von voller Ansicht zu schmaler Kante.

VERWANDTE THEMEN

Siehe auch
JUPITER
Seite 24

ASTEROIDEN
Seite 42

3-SEKUNDEN-BIOGRAFIE

GIOVANNI CASSINI
1625–1712
Französisch-italienischer Astronom, der vier Saturnmonde entdeckte

CHRISTIAAN HUYGENS
1629–1695
Niederländischer Astronom, entdeckte Titan

30-SEKUNDEN-TEXT

Carolin Crawford

Die Saturnringe bestehen aus Billionen von Teilchen aus Eis und Stein, die den Planeten umkreisen. Ihre Größe reicht von Sandkörnern bis zu kleinen Brocken.

URANUS & NEPTUN

in 30 Sekunden

Uranus und Neptun sind am entlegensten, sie umkreisen die Sonne in 19-, beziehungsweise 30-facher Entfernung der Erde. Beide sind eisige Welten, mit Temperaturen in ihren atmosphärischen Wolken um die -200 °C. Ihre Bahnen um die Sonne dauern 84 und 165 Erdenjahre. Das Raumschiff *Voyager 2* flog 1986 an Uranus und 1989 an Neptun vorbei. Beide Planeten besitzen ein blasses Ringsystem und sind von Monden umgeben. Ihre dichte Atmosphäre setzt sich hauptsächlich aus Wasserstoff und Helium zusammen und umgibt große Eis- und Gesteinskerne. Zusätzliche Kohlenwasserstoffe wie Ammoniak und Methan verändern die Farbe des Sonnenlichts, das durch die Wolken reflektiert wird, wodurch die Planeten ihre charakteristischen Grün- und Blauschattierungen erhalten. Hitze aus dem Inneren facht auf Neptun die schnellsten Winde des gesamten Sonnensystems an, mit Geschwindigkeiten bis zu 2000 km/h. Uranus liegt schräg und rotiert komplett auf der Seite, eine sehr ungewöhnliche Ausrichtung, die wahrscheinlich durch eine Kollision mit einem anderen Protoplaneten kurz nach seiner Formation verursacht wurde.

3-SEKUNDEN-KNALL

Uranus und Neptun sind zwei in unserem Sonnensystem weit außen liegende, riesige Gasplaneten, jeder ist 4- bzw. 5-mal so groß wie die Erde.

3-MINUTEN-ORBIT

Uranus und Neptun sind die einzigen Planeten unseres Sonnensystems, die in modernen Zeiten und teleskopisch entdeckt wurden. Uranus wurde 1781 zufällig von William Herschel entdeckt. Durch Anomalien in seine Bahn um die Sonne schlossen Astronomen, dass diese durch die Gravitation eines weiter entfernten Planeten verursacht wurden.
John Couch Adams und Urbain Le Verrier sagten unabhängig voneinander seine Position voraus, was zur Entdeckung 1846 von Neptun durch Johann Galle führte.

VERWANDTE THEMEN

Siehe auch
JUPITER
Seite 24

SATURN
Seite 28

3-SEKUNDEN-BIOGRAFIE

WILLIAM HERSCHEL
1738–1822
In Deutschland geborener britischer Astronom, Entdecker von Uranus

URBAIN LE VERRIER
1811–1877
Französischer Astronom und Mathematiker

JOHANN GOTTFRIED GALLE
1812–1910
Deutscher Astronom, Entdecker von Neptun

JOHN COUCH ADAMS
1819–1892
Britischer Mathematiker und Astronom

30-SEKUNDEN-TEXT

Carolin Crawford

Uranus und Neptun sind die am weitesten zum Rand hin liegenden riesigen Welten unseres Sonnensystems.

◐

DAS SONNENSYSTEM

DAS SONNENSYSTEM
GLOSSAR

astronomische Einheit 1 astronomische Einheit (AE) ist die Entfernung zwischen der Erde und der Sonne: etwa 150 Millionen Kilometer. Am Rand unseres Sonnensystems befindet sich der Kuipergürtel (mit seinen Zwergplaneten) 30 bis 55 AE von der Sonne entfernt, noch weiter weg ist die Oort'sche Wolke (enthält gefrorene Objekte) in 5000–100.000 AE.

Fotosphäre Die sichtbare äußere Schicht der Sonne, lediglich 100 km dicht. Sonnenflecke, Sonnenfackeln (helle Gebiete) und Granulen (körnige Struktur) sind darin zu sehen.

Halley'scher Komet Offiziell als 1P/Halley bekannt, ist er ein kurzperiodischer Komet, benannt nach dem englischen Astronomen Edmond Halley, der 1705 korrekt berechnete, dass die Kometensichtungen von 1531, 1607 und 1682 alle denselben Kometen betrafen, und dass dieser 1758 wiederkehren würde. Halley ist der hellste der kurzperiodischen Kometen, die mit bloßem Auge zu sehen sind. Er kehrt alle 75–76 Jahre wieder. Mindestens seit dem Jahr 240 vor unserer Zeitrechnung ist er bekannt, er wurde bei der Eroberung Englands durch die Normannen 1066 gesichtet und auf dem Teppich von Bayeux festgehalten, der dies Ereignis bildlich darstellt. Das letzte Mal wurde er 1986 gesehen und soll 2061 wieder erscheinen.

Kernfusion Die Verbindung (Fusion) zweier Atomkerne, wobei schwerere Kerne entstehen, begleitet durch Freisetzung von Energie. Kernfusionskraft ist der Antrieb der Sonne und anderer aktiver Sterne.

Koma Sehr dünne Gas- und Staubschicht, die das Herz oder den Kern eines Kometen umgibt. Das Herz ist eine Kugel aus Eis- und Gesteinsteilchen, die der amerikanische Astronom Fred Whipple als eisiges Konglomerat oder „dreckigen Schneeball" beschrieb. Auf dem Weg weiter ins Sonnensystem hinein erhitzt die Sonne den Kometen immer stärker, dadurch verdampft etwas Eis und Staub und bildet das Koma.

Konvektionszone Ein Bereich der Sonne zwischen der Strahlungszone (Kernnähe) und der Fotosphäre der Sonne, den die Energie mittels Konvektion durchströmt. Heißes Material steigt auf, transportiert dabei Energie und sinkt nach dem Abkühlen wieder. Das kälter werdende Material heizt sich während des Absinkens auf und steigt in einem Kreislauf erneut auf.

Kuipergürtel Eine Region des äußeren Sonnensystems in Form eines Donuts, die Milliarden Kilometer von der Sonne entfernt ist und aus kleinen Körpern und Zwergplaneten, einschließlich Pluto, besteht. Weil ihre Bahnen jenseits der von Neptun liegen, werden sie oft „transneptunische Objekte" genannt.

kurzperiodischer Komet Komet mit einer Umlaufzeit um die Sonne von weniger als 200 Jahren.

Oort'sche Wolke Sphärische Wolke im äußeren Sonnensystem, viel weiter als der Kuipergürtel, mit bis zu zwei Billionen gefrorene Körper. In den hinteren Bereichen der Oort'schen Wolke hört die Anziehungskraft der Sonne auf, sie markiert somit die Grenze unseres Sonnensystems. Astronomen sind der Auffassung, dass die meisten Kometen aus der Oort'schen Wolke stammen.

Perseiden Der Meteorschauer, der jährlich vom 23. Juli bis zum 20. August auftritt, benannt nach dem Gebiet des Sternbilds Perseus, aus dem die Meteore zu fallen scheinen. Der Staub und die Brocken stammen vom Kometen Swift-Tuttle. Die Perseiden sind am besten auf der nördlichen Halbkugel zu sehen.

protoplanetare Scheibe Rotierende Scheibe aus Gas und Staub um einen neuen Stern in einem sich entwickelnden Sonnensystem. Aus dem Gas und den Staubkörnern bilden sich Planeten.

Sonnenflecke Dunkle Flecken in der Fotosphäre, die entstehen, wenn magnetische Aktivität die Konvektion behindert. Dadurch entstehen Bereiche, in denen die hohe Temperatur abfällt.

Sonnenkranz Äußere Atmosphäre der Sonne, meist nicht zu sehen, da sie eine Million Mal schwächer leuchtet als die sichtbare Fotosphäre. Der Kranz wird bei einer totalen Sonnenfinsternis sichtbar, wenn das Leuchten der Sonnenscheibe durch den Mond verdeckt wird oder mittels eines Koronografen, der das Licht blockt, das die Sonnenscheibe abgibt.

Stern Eine riesige Kugel aus einer großen Gasmenge (132 zusammengehalten durch Gravitation), die Hitze und Licht durch Kernfusionen im Inneren erzeugt.

Umlaufzeit Die Zeit, die ein Objekt benötigt, um ein anderes komplett zu umrunden. Die Umlaufzeit der Erde um die Sonne beträgt ein Jahr oder 365,256363 Tage.

SONNE

in 30 Sekunden

Sehr hohe Temperaturen und ebensolcher Druck im Inneren der Sonne quetscht Wasserstoff zu Helium und konvertiert durch Kernfusion einen Teil der Atommasse in reine Energie. Die Energie strahlt ab und blubbert wie kochendes Wasser durch die Konvektionszone der Sonne, wobei es sich von Schwaden ionisierten Gases (Plasma) mitnehmen lässt. Schließlich, nach der 700.000 km langen Reise vom Inneren der Sonne (100-mal weiter als die Entfernung des Erdkerns zur Oberfläche), tritt die Energie als helles, weißes Licht aus der Fotosphäre (der sichtbaren äußeren Schicht der Sonne) aus und strahlt in die Dunkelheit des Weltraums hinein. Nur 1 Milliardstel dieser Energie trifft tatsächlich auf die Erde, wo sie unser Wetter lenkt und uns warmhält. Zwar ist die Fotosphäre die kühlste Schicht der Sonne, dennoch ist auch sie noch 5500 °C heiß und würde damit jedes feste Material verdampfen lassen. Starke Magnetfelder, erzeugt durch wirbelnde Plasmastrudel tief in der Konvektionszone, durchstoßen die Fotosphäre und hinterlassen dunkle Sonnenflecke wie Sprenkel auf der Oberfläche der Sonne. Sonnenflecke entstehen am häufigsten in Zeiten maximaler magnetischer Aktivität der Sonne, die alle 11 Jahre auftreten.

3-SEKUNDEN-KNALL

Unser Stern, die Sonne, ist ein nuklearer, 100 Billionen Terawatt-Ofen, Energiequelle für fast alle lebenden Organismen auf der Erde.

3-MINUTEN-ORBIT

Die Sonne ist ein Stern wie weitere 100.000.000.000 Sterne unserer Galaxie. Weil die Sonne so nah ist, können wir sie leichter studieren als die anderen. In der „Helioseismologie“ studieren Wissenschaftler langsame Schwingungen auf der Oberfläche der Sonne, um ihre innere Struktur und ihren Aufbau zu studieren. Mit unterirdischen Detektoren können sie sogar die schwache Wechselwirkung von Elementarteilen (Neutrinos) beobachten, die ein Nebenprodukt der nuklearen Reaktionen im Innern der Sonne sind.

VERWANDTE THEMEN

Siehe auch
ERDE
Seite 18

SONNENWIND
Seite 38

FARBE & HELLIGKEIT VON STERNEN
Seite 54

DAS LICHTSPEKTRUM
Seite 122

3-SEKUNDEN-BIOGRAFIE

JOSEPH VON FRAUNHOFER
1787–1826
Deutscher Optiker

JOSEPH NORMAN LOCKYER
1836–1920
Englischer Wissenschaftlicher und Astronom

30-SEKUNDEN-TEXT

Zachory K. Berta

Die Sonne und die Erde sind in ihrer relativen Größe zueinander dargestellt (nicht Entfernung). Eine Million Erden würden in die Sonne passen.

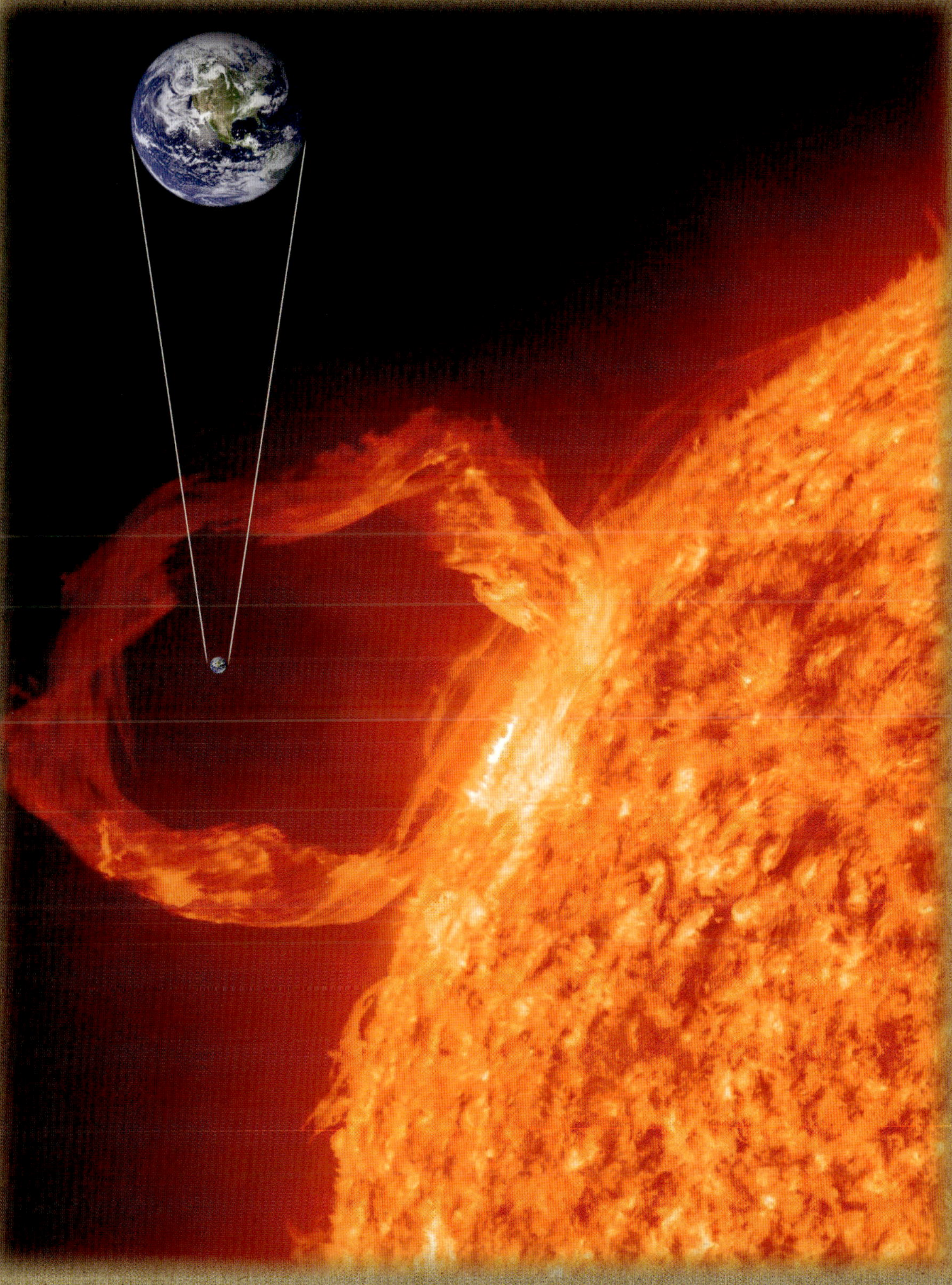

SONNENWIND

in 30 Sekunden

Über der Fotosphäre wabert eine dünne Schicht sogar noch heißeren Plasmas, bekannt als Sonnenkranz. Was diesen Kranz beheizt, wird noch immer erforscht, aber magnetische oder akustische Wellen, die auf die Oberfläche der Sonne prallen, könnten daran beteiligt sein. Der Kranz schleudert stündlich Milliarden von Tonnen Energieteilchen (Elektronen, Protonen und schwerere Ionen) in das Vakuum des Weltalls und bläst den „Sonnenwind" mit Millionen Stundenkilometern hinaus. Bei diesen Geschwindigkeiten kann ein Sonnenwind nach einer Sonneneruption die Erde in nur wenigen Tagen erreichen. Glücklicherweise schützt uns unser Magnetschild vor dem gefährlichen Wind und verhindert, dass er unsere Satelliten zerstört oder unsere Biosphäre vernichtet. Abgelenkte geladene Teilchen des Sonnenwindes verlaufen wirbelnd am Magnetfeld der Erde entlang zu den Polen, wo sie mit der Atmosphäre zusammen die farbenfrohen *Aurora borealis* („Polarlicht") und *Aurora australis* („Südlicht") bilden. Diese Lichterscheinungen werden heller und dehnen sich weiter zum Äquator aus, wenn die Sonne am aktivsten ist und der Sonnenwind am intensivsten. Der Sonnenwind bildet zudem den geraden Plasmaschweif vieler Kometen.

3-SEKUNDEN-KNALL

Die Sonne strahlt nicht nur Licht aus, sondern stößt auch Sonnenwind aus – ein Strom an geladenen Teilchen, die unablässig an das Magnetfeld der Erde treffen.

3-MINUTEN-ORBIT

1859 beobachtete der Sonnenastronom Richard Carrington einen grellen Lichtblitz auf der Sonnenoberfläche. Die massive Sonnenfackel stieß einen Sonnenwind aus, der einen Tag später auf das Magnetfeld der Erde prallte, wo er nachts farbenfrohe Lichter erzeugte, hell genug, um darunter Zeitung zu lesen und Telegrafisten durch Funkenschlag zu erschrecken. Ein weiterer geomagnetischer Sturm derselben Intensität wie dieses „Carrington-Ereignis" könnte unsere moderne Telekommunikation und Stromnetze lahmlegen.

VERWANDTE THEMEN

Siehe auch
SONNE
Seite 36

KOMETEN
Seite 46

3-SEKUNDEN-BIOGRAFIE

RICHARD CARRINGTON
1826–1875
Englischer Astronom

KRISTIAN BIRKELAND
1867–1917
Norwegischer Wissenschaftler, stellte fest, wie Polarlicht entsteht

30-SEKUNDEN-TEXT

Zachory K. Berta

Teilchen im Sonnenwind interagieren mit dem Magnetfeld der Erde und lassen so schöne Lichter entstehen, die meist besser in der Nähe unserer Polen gesehen werden können.

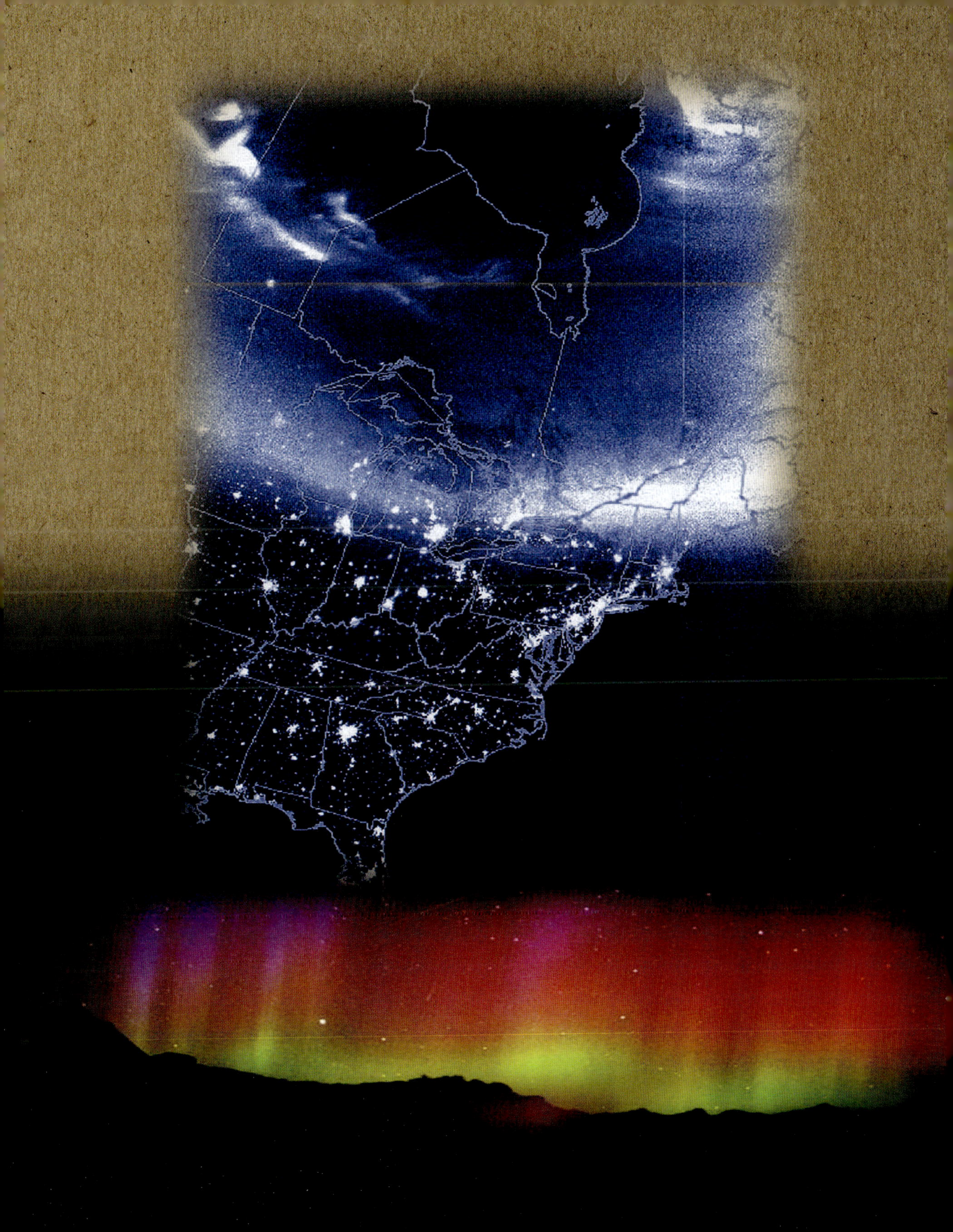

ERIS, PLUTO & ZWERGPLANETEN

in 30 Sekunden

Jenseits der Hauptplaneten liegt eine Zone mit kleineren Planeten, die transneptunische Objekte genannt werden. Sie umkreisen die Sonne in der äußeren Region des Sonnensystems, die Kuipergürtel heißt. Sie sind eine kunterbunte Ansammlung von Planetensplittern, ausgespuckt aus dem inneren Sonnensystem durch das vereinte und wiederholte Ziehen von Jupiter und Saturn in einem früheren Entwicklungsstadium des Sonnensystems. Eris und Pluto, zwei dieser transneptunischen Objekte, sind der neunt- bzw. zehntgrößte Planet des Sonnensystems: Eris hat einen Durchmesser von 2325 km, Pluto von 2320 km. Nachdem Pluto 1930 entdeckt wurde, galt er lange Zeit als neunter Planet. Als jedoch Eris 2005 entdeckt wurde, ließ dieses Ereignis Astronomen die Definition von Planeten überdenken. 2006 und 2008 wurde entschieden, Eris und Pluto als „Zwergplaneten" zu klassifizieren. Ceres (der größte Asteroid des Hauptasteroidengürtels zwischen Mars und Jupiter, 1801 entdeckt), gilt inzwischen auch als Zwergplanet. Weitere transneptunische Objekte wurden zwischen 2002 und 2007 entdeckt und ebenfalls als Zwergplaneten eingestuft: Haumea, Makemake, Orcus, Quaoar und Sedna, alle benannt nach Wesen der Schöpfungsgeschichten weniger bekannter Zivilisationen.

3-SEKUNDEN-KNALL

Zwergplaneten sind wie halbwüchsiger Nachwuchs der Hauptplaneten – Miniversionen der älteren, aber ohne Dominanz über den Raum, den sie bewohnen.

3-MINUTEN-ORBIT

Die Gravitation formte die Planeten, als deren Material sich über die Zeit legte – das Innere jedes Planeten stützt sein Gewicht. Das ist sowohl für Haupt- als auch für Zwergplaneten, die einen größeren Durchmesser als 560 km besitzen, abhängig von Aufbau und Rotation. Die Hauptplaneten haben zudem noch ihre Umgebung aufgeräumt, indem sie alles, was ihnen zu nahe kam, entweder verschluckten oder abstießen. Zwergplaneten hingegen dominieren nicht über ihre Umlaufzone.

VERWANDTE THEMEN

Siehe auch
ASTEROIDEN
Seite 42

3-SEKUNDEN-BIOGRAFIE

GERARD KUIPER
1905–1973
Niederländisch-amerikanischer Astronom und Planetenforscher

CLYDE TOMBAUGH
1906–1997
Amerikanischer Astronom, entdeckte Pluto

30-SEKUNDEN-TEXT

Paul Murdin

Pluto mit seinen vier kleinen Satelliten umkreist die Sonne nur wenig weiter entfernt als Neptun, dabei in einer geneigten, hochelliptischen Umlaufbahn, die auf seine Reise aus dem Inneren des Sonnensystems schließen lässt.

ASTEROIDEN

in 30 Sekunden

3-SEKUNDEN-KNALL
Asteroiden durchziehen das Sonnensystem, sie sind Hinweise auf seine Anfänge und Evolution.

3-MINUTEN-ORBIT
Die Asteroiden, deren Umlaufbahnen sie in die Nähe der Erde bringen, nennt man erdnahe Objekte (NEO). Die Wahrscheinlichkeit, dass ein großer, lebensbedrohlicher Asteroid auf uns aufprallt, ist gering, dennoch verfolgen Astronomen NEOs aufmerksam, weil die Auswirkungen einer solchen Kollision verheerend wären. Das Minor Planet Center der Internationalen Astronomischen Union sammelt Daten und berechnet Umlaufbahnen aller bekannten Asteroiden, damit alle möglicherweise gefährlichen Zusammenstöße vorhergesehen werden können.

Lediglich acht Planeten gibt es in unserem Sonnensystem, dafür schwärmen darin allerdings Mengen von kleineren, steinigen Asteroiden herum, von denen bereits Hunderttausende gesichtet wurden. Diese luftlosen Brocken aus Stein und Metall kommen in allen Größen vor, von staubkorngroß bis zum Zwergplaneten Ceres, der fast 100 km im Durchmesser misst. Asteroiden existieren überall im Sonnensystem, sie sind in Merkurs Umlaufbahn ebenso zu finden wie außerhalb der von Neptun, sie überleben jedoch nur dann für längere Zeit, wenn die Gravitationskräfte von massiveren Planeten sie nicht mit sich reißen oder auf einen Kollisionskurs ziehen. Am häufigsten sind sie im Hauptasteroidengürtel anzutreffen, kurz hinter dem Orbit von Mars. Die Abstände zwischen Asteroiden sind so riesig, selbst dort, dass sie nur äußerst selten zusammenstoßen. Ohne Kollision bleiben Asteroiden, seit sie vor 4,5 Milliarden Jahren bei der Geburt unseres Sonnensystems aus der protoplanetaren Ur-Scheibe kondensierten, unverändert. So sind sie ein Zeugnis uralter Bedingungen, die wir durch unsere Teleskope, durch Raumfahrt oder durch Asteroidenbrocken, die als Meteoriten auf die Erde fallen, beobachten können.

VERWANDTE THEMEN
Siehe auch
ERIS, PLUTO & ZWERGPLANETEN
Seite 40

KOMETEN
Seite 46

METEORE
Seite 48

3-SEKUNDEN-BIOGRAFIE
GIUSEPPE PIAZZI
1746–1826
Italienischer Astronom, entdeckte den Asteroiden Ceres

DANIEL KIRKWOOD
1814–1895
Amerikanischer Astronom, identifizierte die „Kirkwoodlücken" im Asteroidengürtel

KIYOTSUGU HIRAYAMA
1874–1943
Japanischer Astronom, bemerkte, dass Gruppen von Asteroiden fast identische Bahnen haben

30-SEKUNDEN-TEXT
Zachory K. Berta

Asteroiden sind winzig im Vergleich zu den enormen Entfernungen, die zwischen ihnen liegen.

19. Februar 1473
Geboren in Toruń (Thorn), heute Polen

1491–1495
Studierte Mathematik, Astronomie und Naturwissenschaften an der Universität Krakau

1495
Zum Domherrn gewählt, die Einsetzung verzögerte sich

1496–1501
Studierte Kirchenrecht an der Universität Bologna und wurde Assistent des italienischen Astronomen Domenico Maria de Novara

1497
Ernennung zum Domherrn

1501–1503
Medizinstudium an der Universität Padua

1503
Erhielt den Doktor der Rechtswissenschaft von der Universität Ferrara

1503–1510
Sekretär und Arzt seines Onkels, dem Fürstbischof von Ermland

Etwa 1514
Schrieb *Commentariolus*, eine erste Darlegung seiner heliozentrischen Theorie

1512–1515
Beobachtete den Mars, den Saturn und die Sonne

1532
De Revolutionibus Orbium Coelestium (Über die Umschwünge der himmlischen Kreise) ist fast abgeschlossen, aber Kopernikus zögerte aus Angst vor Verachtung eine Veröffentlichung heraus

1533
Johann Albrecht Widmanstetter referierte über Kopernikus' Theorie und wurde von Papst Clemens VII angehört. Kopernikus wurde zur Veröffentlichung gedrängt, zögerte aber weiter

1639
Der Mathematiker Georg Joachim Rheticus suchte Kopernikus auf und wurde sein Schüler und Sekretär

1540
Rheticus schrieb und veröffentlichte *Narratio Prima* über Kopernikus Theorie, um Reaktionen darauf zu testen

1542
Rheticus brachte das Manuskript von *De Revolutionibus* nach Nürnberg

1543
De Revolutionibus wurde veröffentlicht

24. Mai 1543
Starb in Frombork (Frauenburg)

1566
Die zweite Auflage von *De Revolutionibus* kam heraus

KOPERNIKUS

Nikolaus Kopernikus – der Mann, der die ganze Welt auf den Kopf stellte, oder zumindest das Sonnensystem umkrempelte – war ein unwilliger Revolutionär. Seine paradigmenverändernde heliozentrische Theorie besagte, dass die Sonne und nicht die Erde der Mittelpunkt des Universums sei. Er stellte damit das orthodoxe ptolemäische System infrage, benannt nach dem ägyptischen Astronom Claudius Ptolemäus von Alexandria (ca. 100 bis ca. 170 n. Chr.), nach dem sich Sonne, Mond und Planeten um die Erde drehten. Kopernikus hatte seine Theorie akribisch über einen langen Zeitraum erarbeitet (wann er begann, ist nicht bekannt, aber es war vermutlich um 1510), sie war das Ergebnis frühen Zupfens an den lockeren Fäden der Mathematik, die vom Rand des ptolemäischen Systems baumelten. Warum folgten die Planeten nicht einheitlichen konzentrischen Bahnen? Und warum war die Theorie des Equanten (von Ptolemäus erdacht, damit alles funktionieren konnte) so gar nicht zufriedenstellend? Als er erst angefangen hatte zu zupfen, machte Kopernikus weiter, bis er das Ganze zerpflückt hatte und zu der Schlussfolgerung gekommen war, dass die Mathematik nur korrekt war, wenn die Sonne und nicht die Erde das Zentrum war.

Als Universalgebildeter der Renaissance – Gelehrter, Linguist, Übersetzer, Mathematiker, Astronom, Physiker, Künstler, Ökonom, Diplomat und Geistlicher –war Kopernikus vor allem ein pflichtbewusster Familienmensch. Seine Bildung und seine Karriere finanzierte der Bruder seiner Mutter, Lucas Watzenrode, der mächtige Bischof vom Ermland, der bestimmte, dass Kopernikus später ein hohes Kirchenamt übernehmen sollte. Das befolgte der junge Mann. Nach seinen Studien an der Universität von Krakau wurde er zum Domherrn in Frombork (Frauenberg) im Norden Polens gewählt, wo er den Rest seines Lebens verbrachte, allerdings mit vielen Unterbrechungen für Studien in Padua, Bologna und Ferrara. Seine administrativen Pflichten und die ärztliche Betreuung seines Wohltäters nahm viel Zeit ein, so dass er seinen astronomischen Beobachtungen nur zwischendurch nachgehen konnte.

Kopernikus schrieb drei Astronomiewerke: *Commentariolus* (Kleiner Kommentar), ein 40-seitiger Abriss dessen, was seine heliozentrische Theorie werden sollte, entstanden vor 1514, der unter seinen Freunden und Kollegen kreiste, außerdem den „Brief gegen Werner" (1524), eine Kritik am Werk des Mathematikers Johann Werner sowie das große *De Revolutionibus Orbium Coelestium* (Über die Umschwünge der himmlischen Kreise), veröffentlicht in seinem Todesjahr 1543. Der Legende nach soll eine Vorabausgabe Kopernikus auf seinem Sterbebett erreicht haben und ihm kurz vor seinem Tod in die Hände gelegt worden sein.

KOMETEN

in 30 Sekunden

In weiter Entfernung von der Sonne treibt eine Kugel aus Eis und Stein durch die kalte Dunkelheit, nur wenige Kilometer im Durchmesser. Nachdem sie den größten Teil ihres Lebens als träger, dreckiger Schneeball verbracht hat, beschleunigt sie langsam im Inneren. Die zunehmende Wärme der Sonne heizt die äußerste Schicht auf, dadurch verdampft das Eis zu einer diffusen, gasförmigen „Koma“, die sich über zehntausende von Kilometern ausdehnt. In ihrem feurigen Zustand ist die Kugel ein aktiver Komet, der immer größere Materialmengen auf seinem Weg ins tiefere, heiße Innere des Sonnensystems abgibt. Zwei Schweife ziehen sich über Millionen von Kilometern aus der Koma heraus: ein gekrümmter gelblicher Schweif aus sonnenbeschienenem Staub aus dem Nukleus, der langsam hinter ihm herzieht, und ein gestreckter bläulicher Schweif, von der Sonne abgewandt, der aus Plasma besteht, das im magnetisch aufgeladenen Sonnenwind gefangen ist. Kometen können von jedem Körper mit großem Eisvorkommen stammen, etwa die nur einmal in menschlicher Lebenszeit sichtbaren Besucher von der entfernten Oort'schen Wolke oder Objekte aus dem Kuipergürtel mit kürzerer Bahn, wie dem Halley'schen Kometen, der alle 75–76 Jahre auftaucht. Letztere werden später eventuell zu inaktiven Asteroiden, wenn mehrere erfolgreiche Sonnenumrundungen sie der flüchtigen Stoffe beraubt haben, die Kometen antreiben.

3-SEKUNDEN-KNALL

Die schönen Kometen, die den Nachthimmel glitzernd durchziehen, sind keine stabilen, statischen oder konstanten Objekt, sondern vorübergehende Erscheinungen – himmlische Ereignisse.

3-MINUTEN-ORBIT

Enorme Kollisionen während der Entstehung der Erde könnten für die Ozeane und Atmosphäre verantwortlich sein. Das Ausgasen flüchtiger Moleküle aus dem Erdmantel hätte für das fehlende Wasser und Gas gereicht, aber Astronomen glauben, dass der Aufprall wasserreicher Kometen ebenfalls zur Hydrosphäre der Erde beigetragen haben. Ohne diese Massen an Oberflächenwasser oder eine Schutzatmosphäre hätte Leben nur schwer entstehen können.

VERWANDTE THEMEN

Siehe auch
ERIS, PLUTO & ZWERGPLANETEN
Seite 40

ASTEROIDEN
Seite 42

3-SEKUNDEN-BIOGRAFIE

EDMOND HALLEY
1656–1742
Englischer Astronom, berechnete als erster die Bahn des Halley'schen Kometen

JAN OORT
1900–1992
Niederländischer Astronom, nach dem die Oort'sche Wolke benannt wurde

FRED WHIPPLE
1906–2004
Amerikanischer Astronom, beschrieb als erster die Kometenkerne als eisige Konglomerate oder „schmutzige Schneebälle“

30-SEKUNDEN-TEXT

Zachory K. Berta

Die winzigen Kometenkerne sind nur ein millionstel so groß wie der gesamte Komet.

METEORE

in 30 Sekunden

Ob als Stück eines Asteroiden, Steinchen aus einem Kometenschweif oder Müll, der von Menschen stammt, ein „Meteoroid" ist ein beliebiger kleiner Körper im Weltraum, der irgendwann mit unserer Erde zusammenstößt. Wenn er in die Erdatmosphäre eindringt, typischerweise mit einer Geschwindigkeit von 10–70 km/s, wird er zum „Meteor". Die Luftreibung bremst seinen schnellen Flug und erhitzt ihn, bis er glühend einen Feuerstreif durch den Himmel zieht. Ein Brocken Gestein oder Metall, ein Überbleibsel des Originalmeteoroiden, schafft es manchmal bis auf die Erdoberfläche, wo er zum „Meteorit" wird. Meteore können in klaren Nächten beobachtet werden, treten aber meist während der jährlichen Meteorschauer auf (etwa die Perseiden Anfang August), wenn die Umlaufbahn der Erde sie durch die meteoroidreichen Trümmerwolken längst vergangener Kometen führt. Die Meteore, die wir durch den Himmel ziehen sehen, stammen üblicherweise von Meteoroiden, die einen Durchmesser von ca. 1 cm haben. „Mikrometeore" (10-100 Mikrometer im Durchmesser) kommen viel häufiger vor, bleiben aber unbemerkt, weil sie so winzig sind. Die größten Meteore sind sehr selten. Ein Beispiel ist der „Kreide-Tertiär-Impaktor", 10 km im Durchmesser, dessen Kollision mit der Erde vor 65 Millionen Jahren vermutlich die Dinosaurier auslöschte.

3-SEKUNDEN-KNALL

Haben Sie schon einmal eine Sternschnuppe gesehen? Dann haben Sie einen Meteor beobachtet: Der letzte feurige Sturz einen Weltraumbrockens in die Erdatmosphäre.

3-MINUTEN-ORBIT

Die Meteoriten, die auf der Erde gefunden werden, sind meist ursprünglich 1–10 m groß gewesen. Sie gehören zu den wenigen greifbaren Gesandten aus dem All. Andere astronomische Objekte werden anhand des Lichts, das sie reflektieren oder abgeben, beobachtet. Meteorite hingegen können mittels hochentwickelter Instrumente in ihre Einzelteile zerlegt werden. So legt eine radioaktive Datierung das Alter bestimmter Meteoriten und unseres Sonnensystems auf 4,56 Milliarden Jahre fest.

VERWANDTE THEMEN

Siehe auch
ERDE
Seite 18

ASTEROIDEN
Seite 42

KOMETEN
Seite 46

3-SEKUNDEN-BIOGRAFIE

LUIS & WALTER ALVAREZ
1911–1988 & 1940–
US-Wissenschaftler, fanden den Beweis, dass ein gewaltiger Meteoraufprall für das Aussterben der Dinosaurier und anderer Arten verantwortlich war

30-SEKUNDEN-TEXT

Zachory K. Berta

Wenn die Erde durch die exzentrischen, von Geröll durchzogenen Umlaufbahnen von Kometen wandert, sehen wir ungewöhnlich viele Meteore, ein wiederkehrendes Ereignis, bekannt als Meteorschauer.

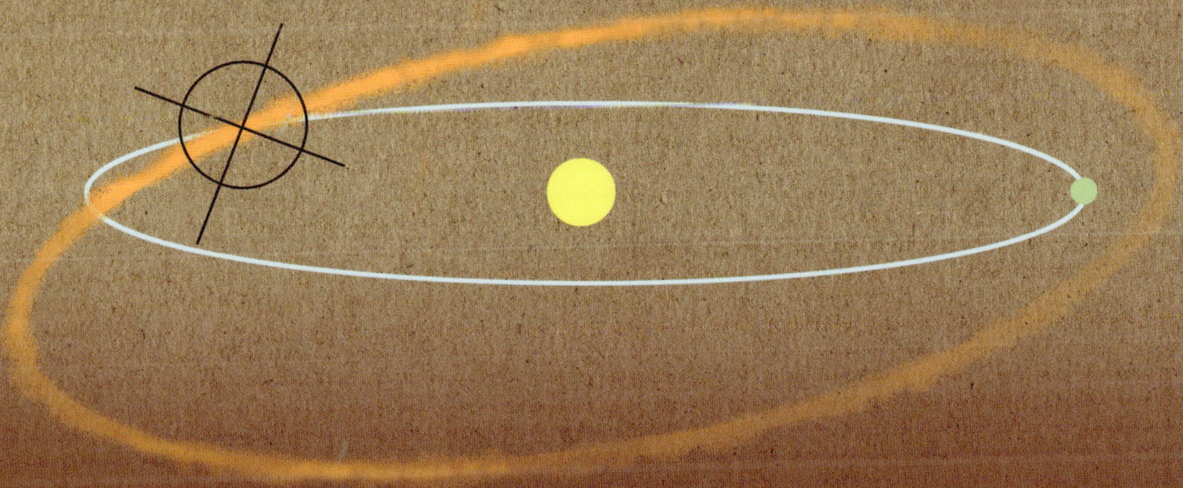

DIE STERNE

DIE STERNE
GLOSSAR

Algol Bedeckungsveränderlicher Doppelstern (Sternenpaar) im Sternbild Perseus. Alle 69 Stunden bedeckt einer der Sterne etwa 10 Stunden lang den anderen. Sein Licht scheint zu verblassen, so stark, dass das Ereignis mit bloßem Auge zu sehen ist. In vielen Kulturen wird der Stern mit dem Bösen assoziiert: *al Gol* ist das arabische Wort für „Dämon", die hebräische Tradition nennt den Stern „Teufelskopf" und die alten Griechen sahen ihn als zwinkerndes Auge einer Gorgone (weibliches Monster) an, die von Perseus gefangen gehalten wird.

Blauer Riese Der massivste und heißeste bekannte Typ Stern. Er strahlt helles, blaues Licht ab, häufig zu sehen in den Gebieten von Spiralgalaxien, in denen Sterne geboren werden.

Gammablitz Blitz mit elektromagnetischer Hochfrequenzstrahlung, tritt gewöhnlich bei einer Supernova auf.

Hauptreihensterne Die Sterne, deren Farbe und Helligkeit in der Hauptreihe des Hertzsprung-Russell-Diagramms liegen.

Mira Auch Omikron Ceti genannt, ein Roter Riese des Sternbilds Walfisch, zwischen 200 und 400 Lichtjahre entfernt. Mira ist ein Beispiel für einen pulsationsveränderlichen Stern. Seine Leuchtkraft verändert sich während einer Periode von 332 Tagen.

Nebel Eine Wolke aus Staub oder Gas in einem interstellaren Raum.

Neutronenstern Extrem kompakter Stern, entsteht aus den Überresten nach einer Supernova am Ende des Lebens eines massereichen Sterns.

Nova Explosion eines Weißen Zwergs, nachdem ein Stern in einem Doppelsternsystem Materie eines Zwillings aufnimmt und sich neu entzündet, was zu einer Kernfusion auf der Oberfläche des Weißes Zwergs führt. Die Explosion ist weniger stark und hell als eine Supernova. Der Name ist Lateinisch und bedeutet „neu", weil bis dahin unsichtbare Weiße Zwerge durch eine Nova wieder sichtbar werden und als neue Sterne gelten können.

Planetarischer Nebel Eine Gaswolke, von einem Roten Riesen in den Weltraum gestoßen. Der in Deutschland geborene britische Astronom William Herschel prägte 1785 den Begriff, als er das Phänomen identifizierte, weil er glaubte, diese Nebel oder Wolken würden dem „Gasriesen" Uranus ähneln. Astronomen verwendet noch immer den Begriff, obwohl die Nebel sich um sterbende Sterne bilden und keine Verbindung zu Planeten haben.

Riesenstern Stern mit erheblich größerer Leuchtkraft und größerem Radius als ein Hauptreihenstern, typischerweise tausendmal heller als unsere Sonne und dem 10–100-fachen ihres Durchmessers. Noch größere, massigere und hellere Sterne heißen „Überriesen" und „Hyperriesen".

Ringnebel Auch Messier 57 genannt, ein planetarischer Nebel im Sternbild Leier, bestehend aus einer Gaswolke, die ein Roter Riesen abgegeben hat.

Roter Riese Verglichen mit dem Blauen Riesen ist der Rote Riese kühler und weniger massiv.

Schmetterlingsnebel Auch als NGC 6302 bekannt und etwa 3800 Lichtjahre vom Sternbild Skorpion entfernt. Er erhielt seinen Namen, weil seine riesigen Gaswolken den Flügeln eines Schmetterlings ähneln. Die Gaswolken, die von einem sterbenden Stern eines Doppelsternsystem ausgestoßen wurden, werden durch die ultraviolette Strahlung des Sterns zum Leuchten gebracht.

Schwarzes Loch Gebiet, in dem Materie stark verdichtet wurde. Als Folge entsteht eine so starke Gravitation, dass alles im Umkreis hineingezogen wird, sogar Licht. Schwarze Löcher entstehen unter anderem, wenn ein massiver Stern stirbt.

Supernova Explosion eines Sterns am Ende seines Lebens, sein Kern zerfällt und bildet ein Schwarzes Loch oder einen Neutronenstern. Ein bestimmter Typ Supernova, Typ 1a, tritt auf, wenn ein Weißer Zwerg Materie eines anderen Sterns in einem Doppelsternsystem aufnimmt, bis er ein kritisches Maß (das 1,4-fache unserer Sonne) überschreitet und explodiert.

Supernova-Überrest Struktur, die das durch eine Supernova herausgeschleuderte Material des explodierten Sterns sowie interstellares Material enthält.

Weißer Zwerg Sehr kompakter Überrest eines Sterns, der entsteht, wenn ein Roter Riese anschwillt und seine Hülle abgibt, dabei seinen Kern zurücklässt, der abkühlt und dunkler wird und sich zum Weißen Zwerg entwickelt.

FARBE & HELLIGKEIT VON STERNEN

in 30 Sekunden

3-SEKUNDEN-KNALL
Die Helligkeit der Oberfläche und die Farbe der Sterne sind auf dem Hertzsprung-Russell-Diagramm dargestellt – der Schlüssel zu Leben und Tod der Sterne.

3-MINUTEN-ORBIT
Bei Sternen der Hauptreihe verändert sich Wasserstoff zu Helium und setzt Nuklearenergie frei. Während der Stern den Wasserstoff in seinem Kern verbraucht, baut sich eine Hülle aus Helium um den Kern auf, die er als nächste Quelle für nuklearen Brennstoff benutzt. Der Stern wird heller, aber auch kühler, und wird zum Riesen oder sogar Überriesen. Überriesen explodieren, aber Riesen ziehen sich wieder zusammen und werden zu Weißen Zwergen, die langsam verblassen zur Schwärze.

Wir nehmen Farbe bei Sternen mit einem ungleichmäßigem Farbspektrum wahr. Einige geben mehr blaues als rotes Licht ab, bei anderen ist es umgekehrt. Wie heißes Eisen im Feuer zeigt die Farbe eines Sterns die Temperatur seiner Oberfläche an. Dabei sind die blauen Sterne die heißesten (20.000 °C), die roten die kühlsten (3000 °C und weniger). Astronomen kategorisieren die Farben der Sterne mit sieben Buchstaben – O, B, A, F, G, K und M – von heiß bis kalt. Dazu gibt es ihre Einteilung nach Helligkeit – Überriesen sind sehr hell, Riesen weniger und Zwerge am wenigsten. Die Sonne ist in der Mitte angesiedelt: ein Zwerg vom Typ G. Um 1910 stellten die Astronomen Ejnar Hertzsprung und Henry Russell unabhängig voneinander die Helligkeit einiger Sterne ihren Temperaturen gegenüber und schufen das Hertzsprung-Russell (H-R)-Diagramm. Helligkeit und Farbe sind Charakteristika der Sternenoberfläche, das H-R-Diagramm enthüllt zudem, was im Inneren geschieht. Die meisten Sterne finden sich in der Hauptreihe von blau/hell zu rot/blass. Die Masse eines Sterns bestimmt seine Platzierung: Die massereichsten Sterne finden sich am hellen Ende und die mit der geringsten Masse am lichtschwachen Ende.

VERWANDTE THEMEN
Siehe auch
RIESENSTERNE
Seite 60

WEIßE ZWERGE
Seite 62

SUPERNOVÄ
Seite 68

3-SEKUNDEN-BIOGRAFIE
EJNAR HERTZSPRUNG
1873–1967
Dänischer Astronom

HENRY RUSSELL
1877–1957
US-Astrophysiker

30-SEKUNDEN-TEXT
Paul Murdin

Die Hauptreihe der Zwergsterne verläuft diagonal durch das Hertzsprung-Russell-Diagramm: Weiße Zwerge belegen die untere linke Ecke, Überriesen die obere rechte.

Über-
riesen
BETELGEUSE
Riesen
VEGA
Hauptreihe
UNSERE
SONNE
ALPHA
CENTAURI
B
Weiße
Zwerge
SIRIUS II
120
110
100
90
80
70
60
50
40
30
20
10
0
10
20
30
40
50

DOPPELSTERNE

in 30 Sekunden

Bei der Entstehung eines Sterns aus massereichen Gaswolken ist häufig genug Gas für zwei Sterne vorhanden. Astronomen schätzen, dass es sich bei etwa der Hälfte der Sterne, die wir sehen, um Sternenpaare handelt, die einander umkreisen – Doppelsterne. Wäre der Planet Jupiter um ein Hundertfaches massereicher geboren, wäre er wie die Sonne ein Stern geworden und wir würden in einem Doppelsternsystem leben. Es gibt viele Typen Doppelsterne, denn beide können sehr unterschiedlich sein, abhängig von der Masse bei ihrer Geburt. Massereiche Sterne leben schnell und sterben jung, werden zu Schwarzen Löchern, Neutronensternen oder Weißen Zwergen, während ihre Begleitsterne noch im stellaren Äquivalent zum Teenageralter stecken. Manchmal sind sich die beiden Sterne so nah, dass der eine dem anderen Material abnimmt. Andere Paare sind friedlicher. Einige verdunkeln sich, wenn ihr Begleitstern sich auf seiner Bahn über sie schiebt. Werden die Sterne wieder sichtbar, geben sie uns einzigartige Hinweise auf den Aufbau dieser Systeme. Einer der bekanntesten ist Algol. Alle 69 Stunden verblasst er fast 10 Stunden lang um den Faktor 3, während der blassere Begleitstern den helleren Stern überdeckt.

3-SEKUNDEN-KNALL

Sterne entstehen häufig in Paaren. Wenn Sie zu einem einsam erscheinenden Stern hochschauen, hat er in etwa der Hälfte der Fälle einen blassen Begleiter.

3-MINUTEN-ORBIT

Astronomen können viel von Doppelsternen lernen. Die Geschwindigkeit, mit der sie kreisen, gibt Hinweise auf ihre Masse und damit auf die Berechnung der Masse ähnlicher Sterne. Astronomen beobachteten zudem, dass Sterne in einem Doppelsystem Schwarze Löcher umkreisten. Die Beobachtung der Geschwindigkeit des Sterns ist unser bisher bester Beweis für die Existenz Schwarzer Löcher.

VERWANDTE THEMEN

SCHWARZE LÖCHER
Seite 70

KOSMISCHE RÖNTGENSTRAHLUNG
Seite 104

3-SEKUNDEN-BIOGRAFIE

WILLIAM HERSCHEL
1738–1822
Deutschstämmiger britischer Astronom, prägte 1802 den Begriff „Doppelstern"

ÉDOUARD ROCHE
1820–1883
Französischer Astronom und Mathematiker, berechnete den Einfluss von Doppelsternen aufeinander

30-SEKUNDEN-TEXT

Darren Baskill

Die Sicht des Künstlers auf das Doppelsystem zeigt Sterne, die sich so nahe sind, dass Gas vom sonnenähnlichen Stern auf seinen kleineren Begleitstern, den Weißen Zwerg, fließt.

VERÄNDERLICHE STERNE

in 30 Sekunden

3-SEKUNDEN-KNALL
Die Helligkeit der meisten Sterne ist veränderlich. Bei einigen merkt man es kaum, bei anderen – die Veränderlichen Sterne – ist es sehr deutlich.

3-MINUTEN-ORBIT
Die Veränderlichen Sterne sind ein aktives Forschungsfeld, das Profis und Amateure gemeinsam bearbeiten. Profi-Astronomen untersuchen einzelne Sterne, Amateure scannen den gesamten Himmel nach neuem oder ungewöhnlichem Verhalten ab. Wer einen auffälligen Veränderlichen Stern entdeckt, meldet das einer entsprechenden Organisation, die sich damit an die Berufsastronomen wendet. In wenigen Stunden können die größten Teleskope der Erde – oder sogar Raumteleskope – der Meldung der Amateure nachgehen, um im Detail zu überprüfen, was mit dem Stern geschieht.

Die Helligkeit veränderlicher Sterne variiert auf unterschiedliche Weise und aus vielerlei Gründen und das gut vorhersehbar und regelmäßig. Gravitation lässt diese Sterne schrumpfen. Das hinterlässt eine äußere Heliumhülle, die verhindert, dass Licht aus dem Bereich darunter entweicht. Die Energie des zurückgehaltenen Lichts wird vom Helium aufgenommen, bis das Gas und mit ihm der ganze Stern sich erneut ausdehnt. Ist er wieder groß, wird das Helium durchlässig und die Hitze kann in den Weltraum entweichen. Dadurch kühlt der Stern aus und kollabiert. Und der Kreislauf beginnt erneut. Der Stern Mira (im Sternbild Walfisch) ist ein Beispiel für einen pulsationsveränderlichen Stern: Seine regelmäßige Veränderung wurde 1638 entdeckt. Alle 332 Tage können wir Mira nicht mehr mit bloßem Auge sehen, sondern benötigen dafür ein Teleskop. Kataklysmische veränderliche Sterne zeigen dramatische und unvorhersehbare Veränderungen. Dazu gehören: Zwergnovä, bei denen eine massive Gasentladung durch eine den Stern umgebende Scheibe fällt, und das im Abstand von nur Wochen, und Novä, bei denen die äußere Schicht eines Weißen Zwergs plötzlich explodiert sowie Supernovä, wenn entweder ein Weißer Zwerg oder ein massiver Stern explodiert.

VERWANDTE THEMEN
Siehe auch
WEIßE ZWERGE
Seite 62

SUPERNOVÄ
Seite 68

3-SEKUNDEN-BIOGRAFIE
JOHANNES HOLWARDA
1618–1651
Friesischer Astronom, entdeckte 1638, dass Mira ein Veränderlicher Stern ist

30-SEKUNDEN-TEXT
Darren Baskill

Astronomen beobachten gewöhnlich den Anstieg oder Abfall an Helligkeit bei Sternen über einen Zeitraum von Stunden, Jahrzehnten oder länger. Einer, SCP 06F6, 2006 durch das Hubble-Teleskop entdeckt, wurde 100 Tage lang beständig heller, bevor er in weiteren 100 Tagen zur Unkenntlichkeit verblasste.

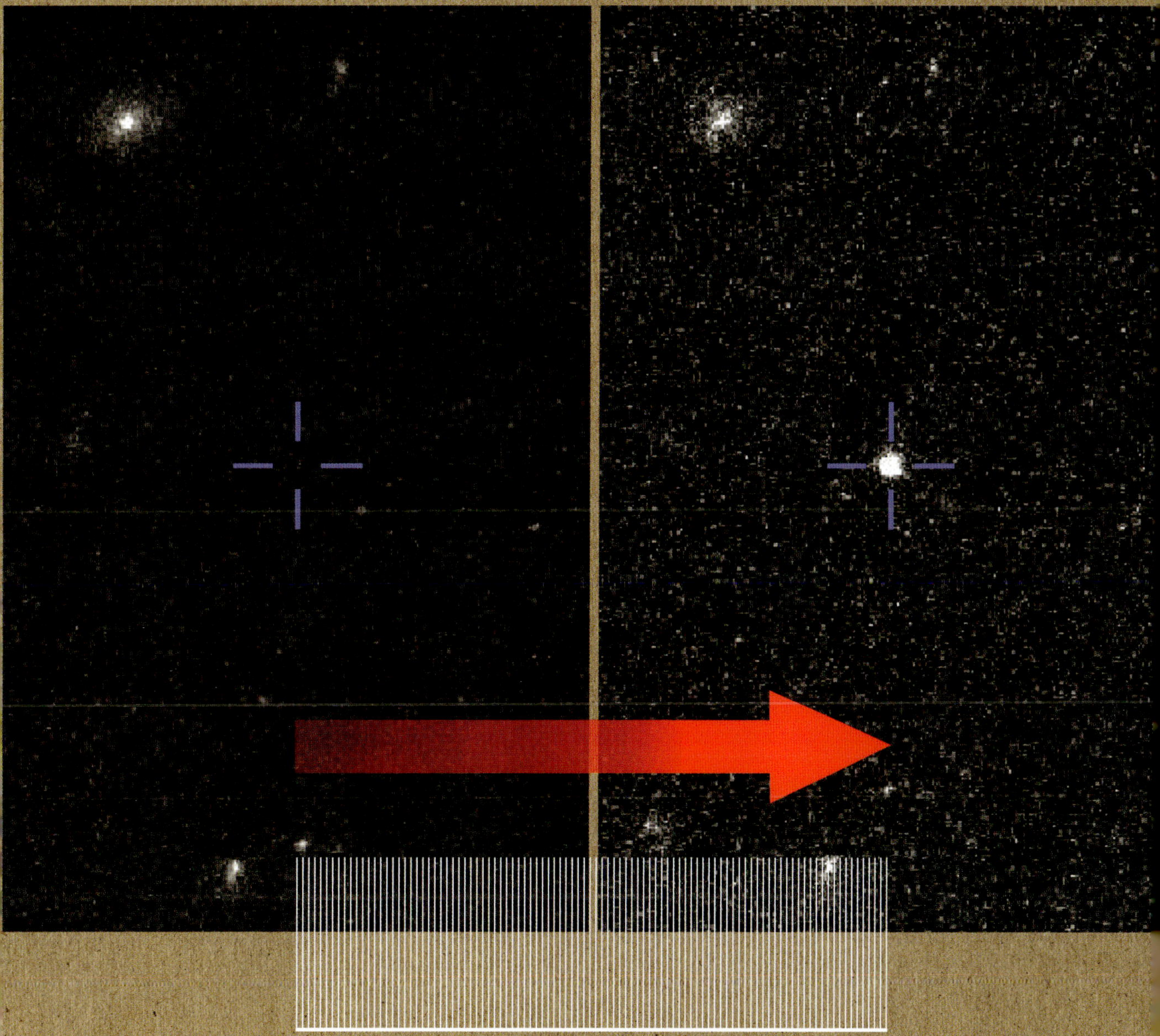

RIESENSTERNE

in 30 Sekunden

3-SEKUNDEN-KNALL
Riesensterne sind 10- bis 100-mal größer als die Sonne und bis zu 1.000-mal heller.

3-MINUTEN-ORBIT
Noch größere und hellere Sterne heißen Überriesen oder Hyperriesen. Der augenblickliche Rekordhalter als größter Stern ist VY Canis Majoris, ein roter Hyperriese, der etwa 2.000-mal größer als unsere Sonne und 500.000-mal heller ist. Würde VY Canis Majoris ins Zentrum unseres Sonnensystems versetzt werden, würde seine Oberfläche bis über die Umlaufbahn von Jupiter reichen.

Die große Vielfalt an Farbe und Helligkeit bei Sternen, die sich im Hertzsprung-Russell-Diagramm auffächert, demonstriert, dass es viele gibt, die sich in Alter, Größe, Lichtstärken und Masse sehr von unserer Sonne unterscheiden. Blaue Riesen sind die heißesten und massereichsten Sterne. Sie produzieren unglaubliche Mengen Energie, um sich der inneren Anziehungskraft entgegenzustemmen und verbrauchen so den verfügbaren Brennstoff schnell. Ihre Lebensspanne ist daher kurz und dauert nur wenige Millionen Jahre. Ihr charakteristisches blaues Licht beherrscht die offenen Sternhaufen, die der jüngsten Sternentstehung in den Armen von Spiralgalaxien folgen. Rote Riesen dagegen kommen häufiger vor. Sie besitzen weniger Masse und entstehen durch einfache Fusion von Wasserstoff zu Helium im Inneren. Im Roten Riesen wird sein Kern durch Gravitation gepresst und erhitzt sich, dadurch löst er nachfolgende und kompliziertere Phasen nuklearer Verbrennung aus. Der anschließende Anstieg an Lichtstärke bläst die äußeren Schichten des Riesen auf und kühlt so die Oberfläche ab, die dann intensiver rot erscheint. Sterne dieser Art sterben, wenn sie sich selbst zu einem planetarischen Nebel oder einer Supernova zersprengen.

VERWANDTE THEMEN

Siehe auch
FARBE & HELLIGKEIT VON STERNEN
Seite 54

SUPERNOVÄ
Seite 68

3-SEKUNDEN-BIOGRAFIE
EJNAR HERTZSPRUNG
1873–1967
Dänischer Astronom

HENRY RUSSELL
1877–1957
US-Astrophysiker

30-SEKUNDEN-TEXT
Andy Fabian

Die Bezeichnung „Riesenstern" ist keine Übertreibung: Der Radius von Betelgeuse zum Beispiel, einem entwickelten Stern, beträgt das 1.200-fache von dem der Sonne.

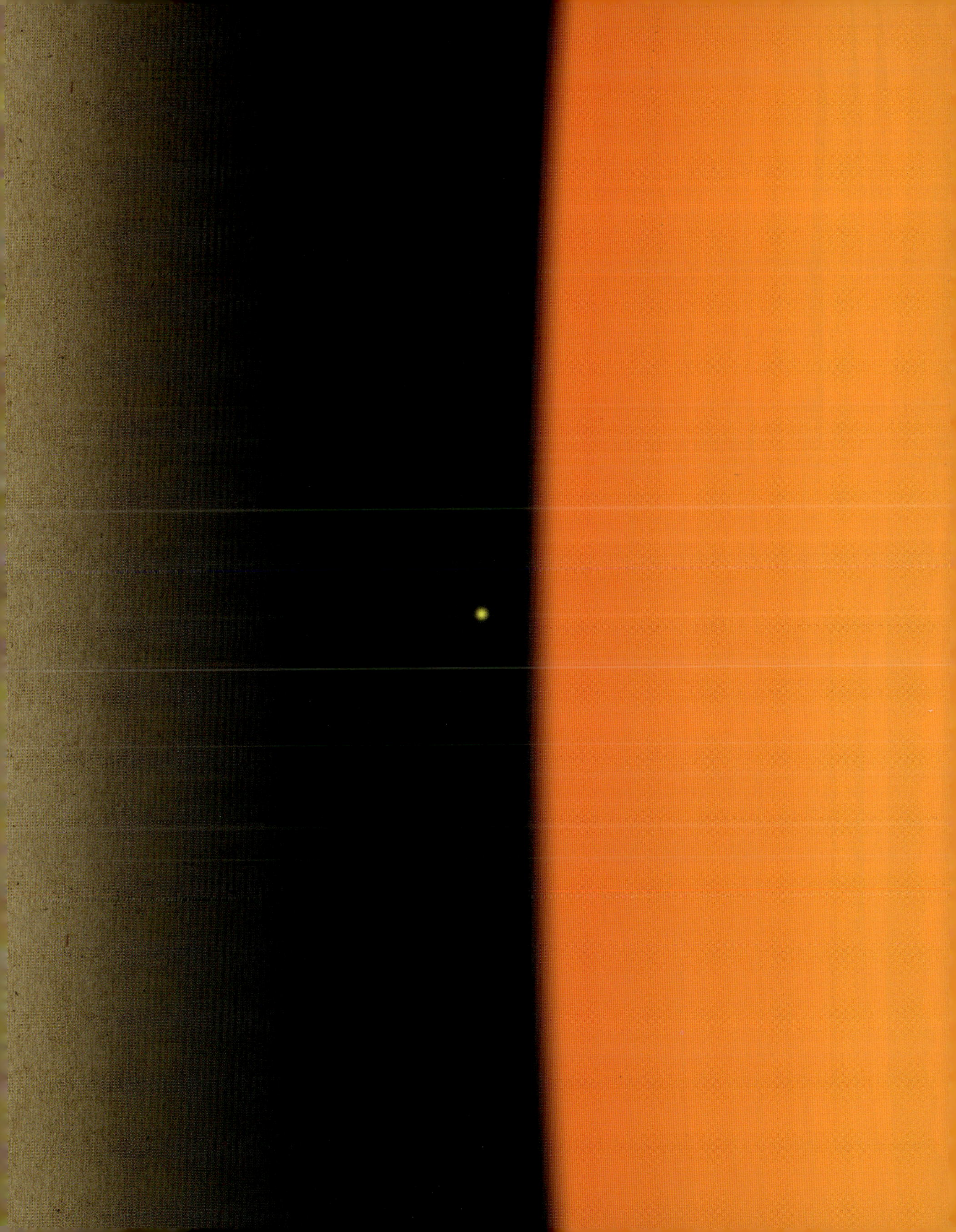

WEIßE ZWERGE

in 30 Sekunden

3-SEKUNDEN-KNALL
Weiße Zwerge sind die Überreste toter Sterne – zwar groß an Zahl, aber so blass oder sogar unsichtbar, dass sie im interstellaren Raum schwer zu finden sind.

3-MINUTEN-ORBIT
Die erstaunliche Theorie besagt, dass der Elektronenentartungsdruck nur wirksam für den Erhalt Weißer Zwerge ist, wenn ihre Masse weniger als 1,4-mal höher ist als die der Sonne. Versucht der Kern eines massereicheren Sterns die Wandlung zum Weißen Zwerg, kollabiert er und wird zum Schwarzen Loch.

Sterne wie die Sonne werden irgendwann zu Riesen und schwellen an, wodurch sich ihre Oberflächengravitation reduziert, die äußeren Schichten lösen sich und bilden Nebel. Solche Nebel sind oft von einer schönen runden oder bilateralen Symmetrie, die sich bisweilen in ihren Namen widerspiegelt, etwa beim Ringnebel oder Schmetterlingsnebel. Während sich der Nebel formiert, wird der heiße innere Kern des Roten Riesen freigelegt und versorgt den Nebel mit Energie, das mündet in einem wunderbaren Farbenspiel. Der bloßgelegte Kern ist verbrauchter nuklearer Brennstoff, der im Inneren des Sterns enorm erhitzt wurde und dementsprechend stark strahlt. Freigelegt, wie er jetzt ist, bleibt er nicht lange heiß. Er kühlt schnell ab und verdunkelt sich, während der Nebel verblasst und sich auflöst. Der Stern wird zu einem isolierten „Weißen Zwerg" – blass, klein (etwa so wie die Erde), kompakt, sich abkühlende träge, stellare Schlacke, die am Ende völlig dunkel ist. Weiße Zwerge sind so kompakt, dass ihre Gravitationsfelder enorm stark sind und zum Kollaps führen müssten. Der Druck, der Weiße Zwerge davor bewahrt und der vor 1925 unbekannt war, wird in der Quantenmechanik als „Elektronenentartungsdruck" bezeichnet. Es überrascht, dass ein Phänomen so geringer Größe nötig ist, damit ein Stern erhalten bleibt.

VERWANDTE THEMEN
Siehe auch
PULSARE
Seite 64

SCHWARZE LÖCHER
Seite 70

MOLEKÜLWOLKEN & NEBEL
Seite 78

MESSIER-OBJEKTE
Seite 80

3-SEKUNDEN-BIOGRAFIE
SUBRAHMANYAN CHANDRASEKHAR
1910–1995
Indisch-amerikanischer Astrophysiker, der Weiße Zwerge studierte

30-SEKUNDEN-TEXT
Paul Murdin

Ein Roter Riese stößt seine äußeren Schichten ab, die ihn als schöner Nebel umgeben. Der Stern wird zu einem kleinen Weißen Zwerg.

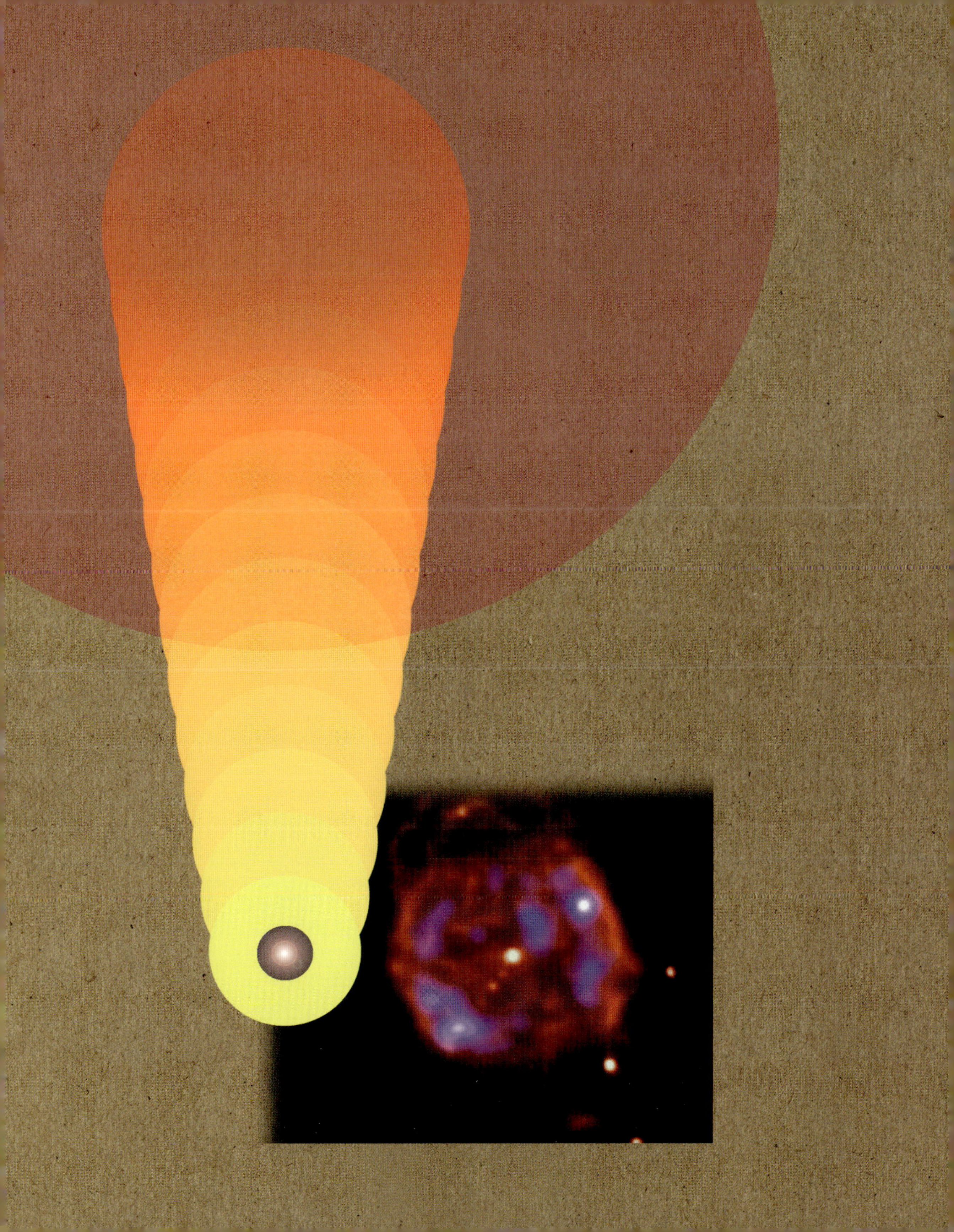

PULSARE

in 30 Sekunden

Wie die Weißen Zwerge sind auch die Neutronensterne stellare Schlacke, entstanden aus den Kernen verbrauchter nuklearer Brennstoffe massereicher Sterne, die am Ende ihres Lebens in einer Supernova explodieren. Der Kern kollabiert zu einem extrem kompakten Stern, der aus Neutronen besteht und etwa die Masse der Sonne besitzt, typisch ist dabei allerdings ein Durchmesser von 15–25 km. Die Dichte ist vergleichbar mit der eines Bergs, der so komprimiert wird, dass er auf einen Teelöffel passt. Während des Kollabierens rotiert der Kern zunehmend, wie eine Eistänzerin, die sich immer schneller um ihre eigene Achse dreht, wenn sie ihre ausgestreckten Arme an den Körper zieht. Der Stern mag ein- oder zweimal im Monat rotiert haben, als kompakter Neutronenstern braucht er für eine Umdrehung nicht einmal eine Sekunde. Gleichzeitig werden die Magnetfelder aus dem Kern um ein Vielfaches stärker. Das Magnetfeld erzeugt ein breites Spektrum an Strahlung, einschließlich Radiostrahlung, in den Weltraum hinein. Wird die Strahlung durch die Rotation des Sterns in Richtung Erde geleitet, scheint sie aus unserer Sicht zu pulsieren, wie ein Leuchtturm. Der Begriff „Pulsierender Radiostern" für einen Neutronenstern wurde zu „Pulsar" verkürzt.

3-SEKUNDEN-KNALL

Entstanden durch eine Supernova-Explosion, sind Pulsare Neutronensterne in Form pulsierender Radiosterne.

3-MINUTEN-ORBIT

Einige Pulsare sind Doppelsterne, manchmal umläuft dabei ein Neutronenstern einen eher normalen Stern, manchmal sind beides Neutronensterne. Neutronendoppelsterne verlieren Energie und nähern einander an und – so nimmt man bisher ohne Beweis an – verschmelzen am Ende in einer riesigen Explosion, wodurch ein Gammastrahlenausbruch und ein Schwarzes Loch entstehen.

VERWANDTE THEMEN

Siehe auch

SUPERNOVÄ
Seite 68

SCHWARZE LÖCHER
Seite 70

GAMMASTRAHLENAUSBRÜCHE
Seite 106

DAS LICHTSPEKTRUM
Seite 122

3-SEKUNDEN-BIOGRAFIE

ANTONY HEWISH
1924–2021
Britischer Radioastronom, Burnells Vorgesetzter und Mitentdecker der Pulsare

JOCELYN BELL BURNELL
1943–
Britische Astronomin, entdeckte die Pulsare

30-SEKUNDEN-TEXT

Paul Murdin

Ein kompakter kleiner Pulsar lädt die wirbelnden Zentralgase des Krebsnebels mit Energie auf – Überrest einer Supernova und Pulsarwind-Nebel.

15. Juli 1943
Geboren in Belfast

1954
Besuchte eine Quäkerschule in York, England

1965
Schloss ihr Physikstudium an der Universität Glasgow, Schottland, ab

1967
Erste Beobachtung dessen, was später als erster Pulsar bekannt wird: CP1919

1968
Erste Verwendung der Bezeichnung Pulsar

1969
Promovierte an der Universität Cambridge, England

1974
Antony Hewish und Martin Ryle teilten sich den Nobelpreis für Physik. Bell Burnell wurde nicht erwähnt

1978
Gewann den Robert Oppenheimer Memorial Preis

1979
Veröffentlichte „Kleine grüne Männchen und pulsierende Sterne“ im *Cosmic Search Magazine*

1987
Gewann den Beatrice M. Tinsley Preis der American Astronomical Society

1989
Erhielt die Herschel-Medaille der Royal Astronomical Society, London

1991
Wurde Physikprofessorin an der Open University und Gastprofessorin in Princeton

1999
Erhielt den Ritterorden Commander of the Order of the British Empire für ihre Leistungen in der Astronomie

2001–2004
Wissenschaftsdekanin an der Universität Bath

2002–2004
Präsidentin der Royal Astronomical Society

2003
Mitglied an der Royal Society

2008
Wurde geadelt

2008–2010
Erste Präsidentin des Institute of Physics

JOCELYN BELL BURNELL

Susan Jocelyn Bell wurde 1943 in Belfast, Nordirland, in einen Quäkerhaushalt geboren. Mit 11 Jahren konnte sie sich nicht für den Besuch an einer weiterführenden Schule, ähnlich einem Gymnasium, für akademisch begabte Kinder qualifizieren. Das war ein herber Schlag für sie. Später sagte sie, dass ihre Entschlossenheit, ihr Ziel dennoch zu erreichen, sie auch auf ihrem beruflichen Weg in der Astronomie angespornt hatte, für Frauen damals ein schwieriger und einsamer Kurs.

Als Doktorandin in Cambridge unter der Leitung von Antony Hewish entdeckte sie etwas, was unser Denken über das Universum veränderte. Bells Tätigkeitsfeld ist die Radioastronomie: Als Teil ihrer Doktorarbeit war sie am Bau und der Wartung des Interplanetary Scintillation Array, einem riesigen (1,6 ha großen) Radioteleskop am Mullard Radio Astronomy Observatorium in Cambridge beteiligt. Zu Bells Arbeit gehörte die Auswertung der enormen Datenmengen, die das Teleskop alle 24 Stunden generierte. Im November 1967 bemerkte sie etwas, das als „etwas Seltsames" auf der Messkurve berühmt werden sollte, ein winziges Detail, das sehr leicht hätte übersehen werden können, aber Bell blieb am Ball. Schließlich wurde es als ein bis dahin unbeobachtetes Phänomen identifiziert: ein pulsierender Stern („Pulsar"), der später CP 1919 getauft wurde. Diese Entdeckung versetzte die astronomische Welt in Aufruhr, spaßhaft sprach man von „kleinen grünen Männern", weil eine der Erklärungen für die regelmäßig pulsierenden Radiowellen lautete, dass „dort draußen jemand sein könnte", der ins Leere sendete. Schließlich wurde bestimmt, dass Pulsare Neutronensterne sind, die in regelmäßigen Abständen Strahlungswellen aussandten. Bell, die nach ihrer Heirat mit Martin Burnell 1968 nun Jocelyn Bell Burnell heißt, entdeckte drei weitere Pulsare und eröffnete damit ein völlig neues Feld der Astrophysik.

Obwohl Bell Burnells Name heute unlösbar mit dieser bahnbrechenden Entdeckung verbunden ist, kam damals eine Kontroverse auf, die die Menschen über die Welt der Astrophysik hinaus beschäftigte. Bell Burnells Name war der zweite auf dem Papier, das diese Entdeckung verkündete, der Nobelpreis dafür aber ging an Hewish und Martin Ryle (Leiter des Forschungsteams), ohne dass Bell Burnell auch nur erwähnt wurde. Es ist nicht ungewöhnlich, dass Forschungsassistenten ungenannt bleiben, obwohl sie den größten Teil der Fleißarbeit erledigen, hier herrschte jedoch vielfach die Meinung, dass nur Bell Burnells Beharrlichkeit und Detailgenauigkeit dazu geführt hatte, dass die Pulsare erkannt wurden, dass sie übergangen wurde, wurde lautstark moniert, vor allen von Sir Fred Hoyle, der sich für sie einsetzte.

SUPERNOVÄ

in 30 Sekunden

3-SEKUNDEN-KNALL
Das Ende eines massereichen Sterns kündigt sich durch eine der größten Explosionen des Universums an, der Supernova.

3-MINUTEN-ORBIT
Ein anderer Typ Supernova kann ausgelöst werden, wenn ein Weißer Zwerg in einem Doppelsystem stetig Materie eines größeren Begleitsterns aufnimmt. Übersteigt seine Gesamtmasse den Grenzwert von 1,4 Solarmassen, explodiert er in einer Supernova Typ 1a. Das geschieht allerdings sehr selten, geschätzt nur einmal in hundert Jahren in einer durchschnittlichen Galaxie.

In den letzten Stadien seiner Evolution produziert ein massereicher Stern Energie, indem er immer schwerere Elemente in den Tiefen seines Kerns erzeugt. Am Ende dieses Prozesses für Sterne mit mehr als acht Sonnenmassen steht die Herstellung von Eisen, danach wird keine Energie mehr durch Fusion freigesetzt. Dem Stern geht abrupt der Brennstoff aus. Der Kern implodiert unter der Gravitation, um zu einem Neutronenstern oder Schwarzen Loch zu werden. Er zieht sich zusammen, wird kompakter und heißer und gibt so viel Energie ab, dass die Supernova-Explosion vorübergehend die Heimatgalaxie überstrahlt. Der Rest des Sterns bricht auseinander, heiße Brocken werden fortgeschleudert, das Material reißt unterwegs interstellares Gas mit sich und bildet eine Schalenstruktur, die mit um die 5000 km/s expandiert. Das Material wird zu einer faserförmigen Struktur zusammengequetscht, dem Supernova-Überrest. Ein intensiver Neutronenfluss, durch die Explosion freigesetzt, ermöglicht die Erzeugung schwerster Elemente. Sowohl diese als auch jene, die aus dem Kern des Sterns stammen, werden herausgeschleudert und mischen sich mit den umgebenden Gas- und Staubwolken, wo sie zu neuen Generationen Sterne und Planeten recycelt werden.

VERWANDTE THEMEN
Siehe auch
DOPPELSTERNE
Seite 56

RIESENSTERNE
Seite 60

WEISSE ZWERGE
Seite 62

3-SEKUNDEN-BIOGRAFIE
WILLIAM FOWLER
1911–1995
Amerikanischer Astrophysiker

FRED HOYLE
1915–2001
Britischer Astronom

MARGARET & GEOFFREY BURBIDGE
1919–2020& 1925–2010
Britisch-amerikanische Astronomen

30-SEKUNDEN-TEXT
Andy Fabian

Ein Riesenstern stirbt in einer Supernova-Explosion und hinterlässt einen Neutronenstern oder ein Schwarzes Loch, umgeben von einer sich schnell expandierenden Hülle heißen Gases.

SCHWARZE LÖCHER

in 30 Sekunden

3-SEKUNDEN-KNALL
Ein Schwarzes Loch ist ein Gebiet mit extrem zusammengequetschter Materie und dadurch so starker Gravitation, dass alles in seiner Umgebung hineingezogen wird.

3-MINUTEN-ORBIT
Die Suche nach dunklen Sternen im schwarzen Weltall ist äußerst schwierig. Astronomen achten daher auf ihre Wirkung. Wird ein Stern in Richtung eines Schwarzen Lochs gezogen, heizt er stark auf, bis er Röntgenstrahlen abgibt. Aufgrund der Beobachtung, wie schnell ein Stern ein Schwarzes Loch umkreist, können Astronomen die Masse von beiden berechnen – Hinweise auf die Existenz Schwarzer Löcher.

Die Idee, dass es Schwarze Löcher geben könnte, brachte der englische Philosoph John Michell 1783 auf, der sich fragte, ob es Sterne gäbe, die so massereich seien und eine so starke Gravitation besäßen, dass nichts, nicht einmal Licht, ihnen entkommen könnte. Er nannte sie dunkle Sterne, was Schwarze Löcher treffend beschreibt. Heute wissen wir, dass es sie in unterschiedlichen Größen gibt. Stellare Schwarze Löcher pressen die Masse von zehn Sonnen zur Größe der Stadt London zusammen und wir kennen Dutzende davon in unserer Milchstraße. Supermassereiche Schwarze Löcher wiegen das Millionen- bis Zehnmillionenfache unserer Sonne. Man findet sie im Herzen vieler Galaxien, auch in unserer. Einige Schwarze Löcher finden sich zwischen diesen Extremwerten. Obwohl sie den Ruf besitzen, eine immens starke Gravitation auszuüben, ist sie nur in unmittelbarer Nähe spürbar. Kommt ein Objekt einem Schwarzen Loch nahe, werden seine näher liegenden Teile durch die starke Gravitation in lange, dünne Stränge gezogen in einem Prozess, der „Spaghettisierung“ genannt wird. Zum Glück ist das uns nächstgelegene Schwarze Loch mehr als 3.000 Lichtjahre entfernt.

VERWANDTE THEMEN
Siehe auch
DIE MILCHSTRAẞE
Seite 82

GAMMASTRAHLENAUSBRÜCHE
Seite 106

QUASARE
Seite 108

3-SEKUNDEN-BIOGRAFIE
JOHN MICHELL
1724–1793
Englischer Philosoph, vermutete als erster Schwarze Löcher

KARL SCHWARZSCHILD
1873–1916
Deutscher Physiker, löste Einsteins Gleichungen der Allgemeinen Relativitätstheorie zur Beschreibung der Bedingungen um Schwarze Löcher.

30-SEKUNDEN-TEXT
Darren Baskill

Ein Stern, der einem Schwarzen Loch zu nahe kommt, wird durch dessen starkes Gravitationsfeld „spaghettisiert“ – vertikal gestreckt und horizontal gepresst.

DIE MILCHSTRAßE

DIE MILCHSTRAßE
GLOSSAR

Andromedanebel Auch bekannt als Messier 31, ist sie unserer Galaxie (Milchstraße) am nächsten, neben ein paar „Begleitgalaxien", die Satelliten der Milchstraße sind. Der Andromedanebel ist eine Spiralgalaxie, etwa zweieinhalb Millionen Lichtjahre entfernt im Sternbild Andromeda, und umfasst eine Billion (1.000.000.000.000) Sterne.

Standardkerzen Astrophysikalische Objekte mit bekannter Leuchtkraft, anhand derer die Entfernung der Formation berechnet werden kann, in der sie vorkommen. Cepheiden werden als Standardkerzen verwendet.

Cepheiden Sternentyp, der zwischen zwei Zuständen hin- und herschwankt: expandiert und kontrahiert. Die Sterne (deren Masse zwischen dem Fünffachen und Zwanzigfachen unserer Sonne beträgt) expandieren, wenn sich Druck aufbaut, und kontrahieren, wenn der Druck im expandierten Zustand nachlässt. Astronomen verwenden Cepheiden, um extragalaktische Entfernungen zu bemessen.

Diffuser Sternbildungsnebel Dichtere Wolken im interstellaren Medium, in dem sich Sterne bilden.

Dreiecksgalaxie Auch Messier 33 genannt oder „Feuerradgalaxie", eine Spiralgalaxie im Sternbild Dreieck. Sie gehört zur Lokalen Gruppe von Galaxien, zu der auch die Milchstraße und der Andromedanebel gehören und ist drei Millionen Lichtjahre von der Erde entfernt. Dennoch ist sie unter günstigen Bedingungen mit bloßem Auge zu sehen und damit eins der am weitesten entfernten Objekt, die ohne Teleskop betrachtet werden können.

Elliptische Galaxie Galaxie in Form eines Ellipsoids (einer dreidimensionalen Ellipse). Einer von drei Typen von Galaxien, die der amerikanische Astronom Edwin Hubble 1936 identifizierte, weitere sind Spiral- und linsenförmige Galaxien.

Galaxie System, das durch Gravitation zusammengehalten wird, besteht aus Sternen, Staubwolken und Gas im interstellaren Medium sowie Dunkler Materie.

Interstellares Medium Die Materie, die den Raum zwischen den Sternsystemen einer Galaxie füllt, auch bekannt als ISM. Es besteht hauptsächlich aus Gas und Staub, aus denen neue Sterne entstehen, und Licht, das aus den Gasatomen generiert wird, die nach ihrer Geburt übrigblieben und rosarote Nebel in der Nachbarschaft der neuen Sterne sichtbar macht.

Komet Ein Eiskörper mit einer Koma (vorübergehenden Atmosphäre) und einem Schweif, der die Sonne umkreist und sichtbar ist, wenn er nah genug an der Sonne ist. Der Schweif zeigt von der Sonne fort, weil die gekrümmte Koma dem Pfad des Kometen folgt.

Kugelhaufen Gruppe von Sternen, die in Kugelform eng durch Gravitation verbunden ist und das Zentrum einer Galaxie umläuft. In der Milchstraße gibt es etwa 150–160 Kugelhaufen, in denen sich einige der ältesten Sterne der Galaxie befinden.

Linsenförmige Galaxie Ein Typ Scheibengalaxie mit einer zentralen Sterngruppe (Bulge genannt), ähnelt einer Spiralgalaxie, besitzt aber keine Spiralarme.

Nebel Sichtbare Staub- oder Gaswolke im interstellaren Raum. Emissionsnebel sind sichtbar, weil die Gasatome in ihnen durch ultraviolettes Licht erhitzt wurden, das von einem nahen Stern ausgestrahlt wird. Reflexionsnebel sind sichtbar, weil sie das Licht eines lokalen Sterns oder einer Sterngruppe reflektieren. Dunkle Nebel sind identifizierbar, weil sie das Licht eines Sterns und einer Sterngruppe hinter ihnen blockieren.

Offener Sternhaufen Locker verbundene Gruppe von Sternen, die durch gemeinsame Anziehungskraft zusammengehalten wird und um das Zentrum einer Galaxie kreist. Die Plejaden sind ein Beispiel eines offenen Sternhaufens. Man geht von mehr als 1100 offenen Sternhaufen in der Milchstraße aus.

Orionnebel Auch Messier 42 genannt, ein riesiges Gas- und Staubgebiet – 13 Lichtjahre im Durchmesser –, südlich vom Gürtel des Orions im Sternbild Orion.

Plejadenhaufen Gruppe von Sternen, die auch Messier 45 genannt werden, ein weiteres „Messier-Objekt", das im 18. Jahrhundert von dem französischen Astronomen Charles Messier identifiziert wurde. Den Haufen trennen etwa 425 Lichtjahre von der Erde, er umfasst Hunderte von Sternen, von denen nur wenige mit dem bloßen Auge sichtbar sind. Diese hellen, blauen Sterne sind als „die Sieben Schwestern" bekannt.

Spiralgalaxie Galaxie mit einer zentralen Sterngruppe (Bulge) und Spiralarmen mit Sternen, Gas und Staub, die sich nach außen zu einer scheibenähnlichen Struktur ausdehnen.

Starburst (Sternenausbruch) Phase mit intensiver Sternenformation, in der sich bis zu 100-mal mehr Sterne als gewöhnlich bilden.

Virgo-Galaxienhaufen Gruppe von Galaxien im Sternbild Jungfrau. Die Gruppe umfasst bis zu zweitausend Galaxien und befindet sich im Herzen eines noch größeren Virgo-Superhaufens. Die Lokale Gruppe mit unserer Galaxie (Milchstraße) und dem Andromedanebel gehört zum Virgo-Superhaufen und umläuft den Virgo-Galaxienhaufen.

STERNBILDER

in 30 Sekunden

3-SEKUNDEN-KNALL
Die Himmelsphäre ist in 88 Sternbilder unterteilt – Regionen des Himmels um erkennbare Sternmuster, die von der Erde aus zu sehen sind.

3-MINUTEN-ORBIT
Milliarden Menschen glauben, dass unser Verhalten durch die Position der Sterne am Himmel, die Mondphasen oder die Tierkreiszeichen (die auf der Konstellation basieren, in der die Sonne an ihrem Geburtsdatum vor etwa 2000 Jahren aufging) beeinflusst wird. Allerdings gibt es nicht den winzigsten Hinweis, dass irgendein Merkmal astronomischer Objekte (wie Gravitation oder Licht) Einfluss auf Menschen haben könnte.

Die Sterne in jedem Sternbild sind nur sehr selten physisch miteinander verbunden, sondern stehen lediglich in derselben Sichtlinie von der Erde aus. Sternbilder sind wie Netze um erkennbare Sternmuster, die „Asterismen" genannt werden. Der Asterismus, der als Großer Wagen bekannt ist, bezeichnet die sieben hellsten Sterne im größeren Sternbild des Großen Bären. Die Mehrheit der Sternbilder erhielt ihre Namen in der astronomischen Abhandlung *Almagest*, die der Ägypter Claudius Ptolemäus im zweiten Jahrhundert n. Chr. verfasste. Die scheinbare Bewegung der Sterne am Himmel wird durch die Rotation der Erde um ihre eigene Achse verursacht. Wir sehen sie um die Erdrotationsachse kreisen, die auf den „Nordstern" Polaris ausgerichtet ist. Die Planeten und der Mond umkreisen die Sonne mehr oder weniger auf derselben Ebene, der Ekliptikebene. Daher wirken die Sonne, die Planeten und der Mond wie Objekte, die sich auf demselben Kreis der Himmelsphäre der Erde vor dem Hintergrund von Sternen bewegen, die sich praktisch während einer menschlichen Lebensspanne überhaupt nicht bewegen. Die Sternbilder, die dieser Kreis durchquert, sind die 13 Tierkreiszeichen.

VERWANDTE THEMEN
Siehe auch
MOND
Seite 20

FARBE & HELLIGKEIT VON STERNEN
Seite 54

MILCHSTRAßE
Seit 82

3-SEKUNDEN-BIOGRAFIE
CLAUDIUS PTOLEMÄUS
Ca. 100–ca. 170 n. Chr.
Ägyptischer Astronom

NICOLAS LOUIS DE LACAILLE
1713–1762
Französischer Astronom, katalogisierte 10.000 Sterne

30-SEKUNDEN-TEXT
François Fressin

Die sieben Sterne, die den „Großen Wagen" im Sternbild Großer Bär bilden, sind nicht verbunden und befinden sich alle in unterschiedlichen Entfernungen zu Erde.

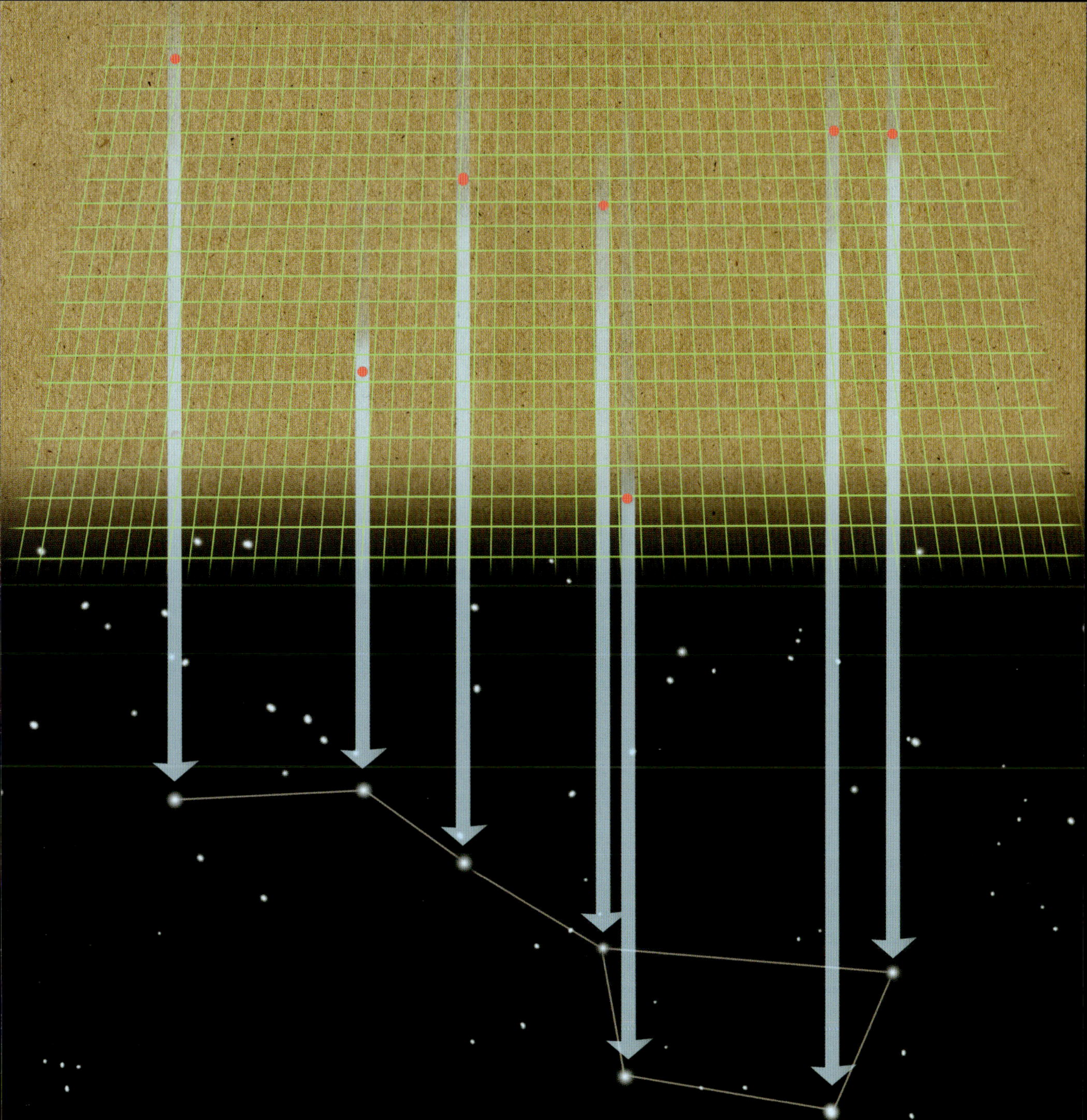

MOLEKÜLWOLKEN & NEBEL

in 30 Sekunden

Der Raum zwischen den Sternen ist nicht etwa leer, es wimmelt dort von Gasatomen und -molekülen, die das interstellare Medium bilden. Die Gesamtmasse allen Gases in der Milchstraße macht nur ein Zehntel dessen aus, was in den Sternen enthalten ist, aber sie dehnen sich in diffusen Wolken weit über die Spiralarme einer Galaxie aus. Bei Temperaturen von zehntausenden Graden über dem absoluten Nullwert ist die Materie in den Wolken so kalt, dass sie meist in Form neutraler Wasserstoffatome vorkommt und damit bei sichtbaren Wellenlängen transparent ist. Eine Spur schwerer Elemente wie Kohlenstoff, Sauerstoff und Eisen durchzieht die Wolken, die nach den Explosionen, die das Lebensende von Sternen bedeuten, aus den Herzen der Sterne recycelt wurden. Die kältesten, am stärksten verdichteten Taschen in den Wolken bieten ideale Bedingungen für die Geburt eines neuen Sterns. Sterne, die sich neu aus dem interstellaren Medium bilden, durchfluten ihre Umgebung mit Lichtenergie, heizen die Gasatome auf und lassen sie glühen. Dadurch wird das Gas als ferner, rosaroter Nebel sichtbar, der die jungen, blauen Sternenhaufen entlang der Spiralarme einer Galaxie begleitet.

3-SEKUNDEN-KNALL
Interstellare Gaswolken sind die fundamentalen Brutstätten für neue Sterne mit ihren Planetensystemen – und für jede Art von Leben auf diesen Planeten.

3-MINUTEN-ORBIT
Winzige Teilchen („Staubkörner") mischen sich mit dem Gas. Die dichtesten Konzentrationen in einem Nebel bilden opake Silhouetten gegen das Hintergrundlicht. Der Staub schützt das Zentrum der Wolken vor Hitze und Licht. Die Temperaturen fallen auf wenige Grad über den absoluten Nullpunkt, Atome können komplexe Moleküle bilden. Die Molekülwolken sind meist zwischen 3 und 50 Lichtjahren groß und können bis zu 1000 Solarmassen an Materie beinhalten.

VERWANDTE THEMEN
Siehe auch
SUPERNOVÄ
Seite 68

MESSIER-OBJEKTE
Seite 80

DIE MILCHSTRAßE
Seite 82

GALAKTISCHE STRUKTUREN
Seite 88

3-SEKUNDEN-BIOGRAFIE
BART BOK
1906–1983
Niederländisch-amerikanischer Astronom

30-SEKUNDEN-TEXT
Carolin Crawford

Die Gasatome einer diffusen kalten Wolke interstellaren Gases werden in der Nähe eines neuen Sternenhaufens aufgeheizt. Dann geben sie als leuchtende Nebel sichtbares Licht ab.

Kalte Gaswolke
Erhitztes Gas
Junger Sternenhaufen

MESSIER-OBJEKTE

in 30 Sekunden

Charles Messier war einer der ersten „Kometenjäger", der sich der Entdeckung und Beobachtung neuer Kometen verschrieben hatte. In seinem Teleskop tauchten sie als unscharfe, blasse und verschwommene Lichtflecken auf, deren Natur sich lediglich anhand ihrer täglichen Bewegung vor der stillstehenden Kulisse der Sterne zeigte. Messier verzweifelte bei seiner Suche an anderen blassen Strukturen, die – nicht wie Kometen – aber dauerhafte Erscheinungen am Himmel waren. Um Verwechslungen vorzubeugen, stellte er einen Katalog mit den Nebeln zusammen, die für Kometen gehalten werden könnten. Viele waren seine Entdeckung, andere waren entweder mit bloßem Auge sichtbar (wie der Orionnebel oder der Plejadenhaufen) oder er übernahm sie von anderen Astronomen wie Edmond Halley. Ironischerweise ist Messier heute nicht so sehr für die Kometen bekannt, die er entdeckte, sondern für diesen Katalog mit Objekten, die keine Kometen sind. Der moderne Messier-Katalog führt 110 verschiedene Objekte auf, von Kugelhaufen und offenen Sternhaufen über Supernova-Überreste und planetarischen Nebeln bis zu diffusen Sternbildungsnebeln. Der Katalog enthält 40 Galaxien (die bis zur Feststellung ihrer wahren Natur als Nebel galten), von denen 16 zum nahen Virgo-Galaxienhaufen gehören.

3-SEKUNDEN-KNALL

Im 18. Jahrhundert stellte der französische Astronom Charles Messier einen Katalog mit Nebeln zusammen, der einige der interessantesten Himmelsobjekte aufführt.

3-MINUTEN-ORBIT

Messier-Objekte gehören oft zu den nächsten und am bekanntesten Beispielen ihrer Art. Messiers verwendete ein Teleskop für seine Beobachtungen, das heute einem sehr einfachen Instrument entspräche, so dass sein Katalog mehrere Objekte enthält, die eher einen Hobby-Astronomen vermuten lassen. Ein „Messiermarathon" ist der Versuch, so viele Messier-Objekte wie möglich in nur einer Nacht zu erspähen. Das ist nur im späten Frühling in niedrigen nördlichen Breiten möglich.

VERWANDTE THEMEN

Siehe auch
KOMETEN
Seite 46

MOLEKÜLWOLKEN & NEBEL
Seite 78

ANDERE GALAXIEN
Seite 86

GALAKTISCHE STRUKTUREN
Seite 88

3-SEKUNDEN-BIOGRAFIE

EDMOND HALLEY
1656–1742
Englischer Astronom

CHARLES MESSIER
1730–1817
Französischer Astronom

30-SEKUNDEN-TEXT

Carolin Crawford

Der Kometenjäger Charles Messier erstellte einen Katalog einiger der hellsten, bekanntesten astronomischen Objekte am Himmel.

DIE MILCHSTRAßE

in 30 Sekunden

3-SEKUNDEN-KNALL
Die Sonne ist nur einer von 100.000 Millionen Sternen, die die spiralförmige Galaxie, die wir Milchstraße nennen, durchziehen.

3-MINUTEN-ORBIT
Die Milchstraße gehört zur „Lokalen Gruppe" aus rund 30 Galaxien, zusammen mit dem Andromeda- und dem Dreiecksnebel sowie vielen Zwerggalaxien, die sie umkreisen. Gravitation zieht uns unentwegt zu unserem Zwilling, dem Andromedanebel, der circa zweieinhalb Millionen Lichtjahre entfernt ist. Es wird erwartet, dass beide Galaxien in ungefähr sechs Milliarden Jahren gemeinsam eine neue, viel größere Galaxie bilden.

Alle Sterne, die wir ohne Instrumente sehen können, gehören zu unserer Heimatgalaxie, der Milchstraße. Sie wurden in eine scheibenähnliche Struktur ausgerichtet, die einen Durchmesser von 100.000 Lichtjahren hat, ihr Licht vereint sich zu einem Band diffusen Lichts, das sich durch den Nachthimmel wölbt. Blaue Sternhaufen, leuchtende Nebel und dunkle Gräben mit Sternenstaub trassieren die Spiralarme. Die Sonne befindet sich innerhalb dieser Scheibe, auf halbem Weg zwischen dem Zentrum und der äußeren Kante. Ein zentraler Bulge älterer Sterne beherbergt ein supermassereiches Schwarzes Loch in seiner Mitte, schwer wie vier Millionen Sonnen. Gemeinsam mit allen Sternen dieser Scheibe rotiert die Sonne durch die Anziehungskraft allen sich näher zur Mitte befindlichen Materials um das Zentrum der Galaxie mit einer Geschwindigkeit von 220 km/s. In 240 Millionen Jahren ist ein Umlauf abgeschlossen. Die äußeren Sterne rotieren zu schnell, um mit der Galaxie verbunden zu sein, verlassen aber nicht – wie erwartet werden müsste – ihre Umlaufbahnen. Das lässt darauf schließen, dass es zusätzlich zur Masse der Sterne und des Gases weiteres Material gibt, das eine Anziehung auf sie ausübt, ein Hinweis auf „Schwarze Materie".

VERWANDTE THEMEN
Siehe auch
MOLEKÜLWOLKEN & NEBEL
Seite 78

GALAKTISCHE STRUKTUREN
Seite 88

DUNKLE MATERIE
Seite 110

LICHTJAHRE & PARSEC
Seite 118

3-SEKUNDEN-BIOGRAFIE
HEBER CURTIS
1872–1942
Amerikanischer Astronom

HARLOW SHAPLEY
1885–1972
Amerikanischer Astronom

JAN OORT
1900–1992
Niederländischer Astronom

30-SEKUNDEN-TEXT
Carolin Crawford

Das Sonnensystem liegt in einem der Spiralarme unserer Heimatgalaxie, der Milchstraße.

15. November 1738
Geboren in Hannover

1757
Wanderte nach England aus

1766
Wurde Organist in der Octagon Chapel in Bath

1774
Begann, Teleskope zu bauen und den Himmel zu beobachten, anfangs den Orionnebel

1780
Wurde Direktor des Orchesters in Bath

1781
Wahl in die Royal Society

13. März 1781
Entdeckte den Planeten, der später Uranus getauft wurde

1782
Gab die Musik auf, um Hofastronom zu werden

1782
Beobachtete Messier-Objekte und entdeckte den bis dahin unbekannten Saturnnebel

1783
Begann gezielte Suchen am Himmel

1783–1802
Beobachtete und katalogisierte um die 2500 neue Nebel und Sternhaufen

1783
Veröffentlichte seine Beobachtungen, die zur Entdeckung der Sonnenbewegung führten (Theorie, dass das Sonnensystem durch den Raum wandert)

1789
Baute sein größtes Teleskop mit einem 1,2 m großen Spiegel

1800
Entdeckte Infrarotstrahlung

1801
Traf Napoleon Bonaparte und Charles Messier

1802
Veröffentlichte seinen *Catalogue of 500 new Nebulae, nebulous Stars, planetary Nebulae, and Clusters of Stars; with Remarks on the Construction of the Heavens*. Stellte die Theorie auf, dass einige Doppelsterne einander umkreisen.

1803
Veröffentlichte *Account of the Changes that have happened, during the last Twenty-five Years, in the relative Situation of Double-stars; with an Investigation of the Cause to which they are owing*

1820
Mitbegründer der Astronomical Society, die 1831 die Königliche Satzung erhielt

25. August 1822
Starb im englischen Slough, Berkshire

WILLIAM HERSCHEL

Der Begründer der modernen Sternenastronomie, Entdecker der Doppelsterne und erster Mensch, der erkannte, dass sich das Sonnensystem bewegte, war erstaunlicherweise kein ausgebildeter Astronom. Friedrich Wilhelm Herschel wurde in Hannover in eine Musikerfamilie hineingeboren, wanderte mit 19 Jahren mit seinem Bruder nach England aus und verbrachte vier Jahre als Musiker und Lehrer für Oboe, Cello, Cembalo, Violine und Orgel. 1766 (inzwischen nannte er sich William Herschel) wurde er zum Organisten der Octagon Chapel in Bath berufen und widmete sich ganz seiner musikalischen Laufbahn, während der er 24 Symphonien komponierte. Erst mit 35 begann er, den Himmel zu beobachten. Als Musiker hatte er mit Interesse das Buch *Harmonics* (1749) des englischen Mathematikers Robert Smith gelesen, was ihn auf ein weiteres Buch Smith brachte, *Compleat System of Opticks* (1738), deutsch: *Vollständiger Lehrbegriff der Optik*, das sein Interesse an Linsen und Teleskopen weckte. Herschel verbesserte das Newton-Teleskop und machte sich international einen Namen für sein handwerkliches Können. Er baute mehr als 400 Teleskope und erzielte mit dem Verkauf einen lukrativen Nebenerwerb. Als er *Astronomy Explained on Sir Isaac Newton's Principles* (1756) des Astronomen James Ferguson entdeckte und lange Winterabende damit verbrachte, durch seine Teleskope zu schauen, verwandelte sich der Musiker zum bedeutendsten Astronomen seiner Zeit.

Er hielt seine Beobachtungen akribisch fest – mit der Hilfe seiner Schwester Caroline (auch sie ein kosmisches Talent, sie fand acht Kometen und mindestens vier Nebel) – und erstellte einen ausführlichen Katalog über Nebel, Sternhaufen, Einzelsterne und Deep-Sky-Objekte, der auch heute noch in Gebrauch ist. Unablässig verglich, überprüfte und überarbeitete er 25 Jahre lang seine Aufzeichnungen und listete mehr als 2500 Himmelsobjekte auf, theoretisierte (korrekt) über den Umlauf von Doppelsternen (von denen er 800 fand) und erkannte, dass sich das Sonnensystem bewegte und in welche Richtung (auf Lambda Herculis zu, einem Stern im Bild Hercules). In einer Märznacht im Jahr 1781 entdeckte er den später als Planet Uranus bekannten Himmelskörper und nannte ihn *Georgium Sidus* („Georges Stern"), zu Ehren des hannoverschen Königs von England, George III. Zu seinen vielen Leistungen gehört die Entdeckung zweier Uranus-Monde 1787 (später Titania und Oberon getauft), zwei Monden von Saturn (Mimas und Enceladus) sowie die Demonstration, dass die Milchstraße scheibenförmig sein muss. Auf der Suche nach Linsen, mit denen die Sonne studiert werden konnte, entdeckte er die Infrarotstrahlung.

ANDERE GALAXIEN

in 30 Sekunden

3-SEKUNDEN-KNALL
Die Milchstraße ist nur eine von etwa 100 Milliarden Galaxien, die im Universum verteilt und sichtbar sind – durchschnittlich enthält eine Galaxie um die 100 Milliarden Sterne.

3-MINUTEN-ORBIT
Die Entfernung anderer Galaxien zu uns hängt davon ab, ob wir ein Objekt darin kennen, dessen Eigenhelligkeit uns bekannt ist. Der Vergleich der voraussichtlichen Strahlkraft mit der beobachteten ergibt die Distanz zur Heimatgalaxie des Objekts. Zu solchen „Standardkerzen"-Objekten gehören veränderliche Sterne und Supernovä. Uns trennen 13,2 Milliarden Lichtjahre von den am weitesten entfernten bekannten Galaxien, die formlos erscheinen – ein Hinweis, dass sie durch die Verschmelzung kleinerer Systeme entstanden.

Obwohl frühe Beobachtungen von Galaxien durch Teleskope zeigten, dass einige von ihnen seltsame Spiralstrukturen aufwiesen, war nicht klar, dass sie nicht zur Milchstraße gehörten. Erst in den frühen 1920ern, als der amerikanische Astronom Edwin Hubble die Entfernung zum Andromedanebel berechnete, war das der Beweis, dass es sich um einen separaten Spiralnebel handelte und das Universum mehr war als nur die Milchstraße. Es gibt eine enorme Anzahl von Nebeln, von Zwerg- bis Riesengalaxien in Größenordnungen von einem Hundertstel bis zum Zehnfachen unserer Milchstraße. Die Galaxien werden üblicherweise nach ihrer optischen Erscheinung und ihrem Inhalt klassifiziert. In Spiralgalaxien zeigen sich helle Bahnen aktiver Sternbildung, die das Spiralmuster der flachen Scheibe bilden, die sich um den Bulge im Mittelpunkt legt. Die häufig vorkommenden elliptischen Galaxien sind eher ballförmig mit einem hohen Anteil heißen Röntgengases, aber mit nur wenig kaltem, interstellarem Gas und Staub, die erforderlich sind, um massereiche Sterne zu bilden. Galaxien ohne regelmäßige Struktur werden als „unregelmäßig" bezeichnet. Sie sind oft das Endprodukt einer Anziehungswechselwirkung zwischen zwei Galaxien und das, was nach einer kurzlebigen, aber dramatischen „Sternausbruch"-Phase übrigbleibt.

VERWANDTE THEMEN
Siehe auch
VERÄNDERLICHE STERNE
Seite 58

SUPERNOVÄ
Seite 68

MOLEKÜLWOLKEN & NEBEL
Seite 78

3-SEKUNDEN-BIOGRAFIE
HEBER CURTIS
& HARLOW SHAPLEY
1872–1942 & 1885–1972
Astronomen, die 1920 öffentlich darüber debattierten, wie groß das Universum ist

EDWIN HUBBLE
1889–1953
Amerikanischer Astronom

30-SEKUNDEN-TEXT
Carolin Crawford

Form und Größe der Galaxien variieren, von lockeren, fluffigen Spiralen zu massereichen, dichten Ellipsen. Die am kleinsten wirken, sind meist am weitesten von uns entfernt.

GALAKTISCHE STRUKTUREN

in 30 Sekunden

3-SEKUNDEN-KNALL
Galaxien sind nicht zufällig über den Himmel verstreut, sondern finden sich zu immer größer werdenden Strukturen zusammen.

3-MINUTEN-ORBIT
Viele Galaxienhaufen liegen in noch größeren Strukturen, den Superhaufen, die meist zu plattenähnlichen Gebilden, den Mauern, gepresst werden. Auf große Entfernung können wir erkennen, dass Superhaufen Leerräume ähnlicher Größe umgeben, bekannt als Voids. Das Durchsuchen von Galaxien hat ergeben, dass sich dieses Wabenmuster wiederholt, je weiter wir uns entfernen, was dem Universum eine eindeutige Zellenstruktur größten Ausmaßes verleiht.

Viele Galaxien bilden aufgrund ihrer Gravitation Haufen. Hunderte, sogar Tausende von Galaxien teilen sich so einen Raum, der einen Durchmesser von Dutzenden Millionen von Lichtjahren hat. Der erste Galaxienhaufen wurde in dem Katalog der Nebel entdeckt, den der französische Astronom Charles Messier erstellte und der 11 „Nebel" in Richtung des Sternbilds Jungfrau aufführte. Haufen wurden erst mit dem Aufkommen hochauflösender Fotoplatten in den 1950ern systematisch katalogisiert und vorher anhand ihrer Überdichte mit dem Auge identifiziert. Die meisten Galaxien in einem umfangreichen Haufen sind elliptisch mit wenigen blauen Spiralen an den äußeren Rändern des Haufens. Das Zentrum dominieren riesige Ellipsen, von denen einige die massereichsten der bekannten Galaxien sind. Alle Galaxien sind in eine gasförmige Atmosphäre getaucht, die zehnmal mehr Masse besitzt als die von Sternen, aber nur durch Röntgenstrahlung sichtbar wird. Die beobachteten physikalischen Eigenschaften des Gases, zusammen mit den Bewegungen der Galaxien im Haufen sowie Spiegelungen von Hintergrundquellen mit Gravitationslinsen weisen darauf hin, dass die größte Masse eines Galaxienhaufens aus Schwarzer Materie besteht.

VERWANDTE THEMEN
Siehe auch
ANDERE GALAXIEN
Seite 86

KOSMISCHE RÖNTGENSTRAHLUNG
Seite 104

DUNKLE MATERIE
Seite 112

3-SEKUNDEN-BIOGRAFIE
HARLOW SHAPLEY
1885–1972
Amerikanischer Astronom

GEORGE O. ABELL
1927–1983
Amerikanischer Astronom, katalogisierte Galaxienhaufen

30-SEKUNDEN-TEXT
Carolin Crawford

Bei großräumiger Betrachtung des Universums verteilen sich galaktische Strukturen auf lange Filamente, die ähnlich große Leerräume im Raum umgeben und an deren Schnittstellen sich massereiche Galaxienhaufen bilden.

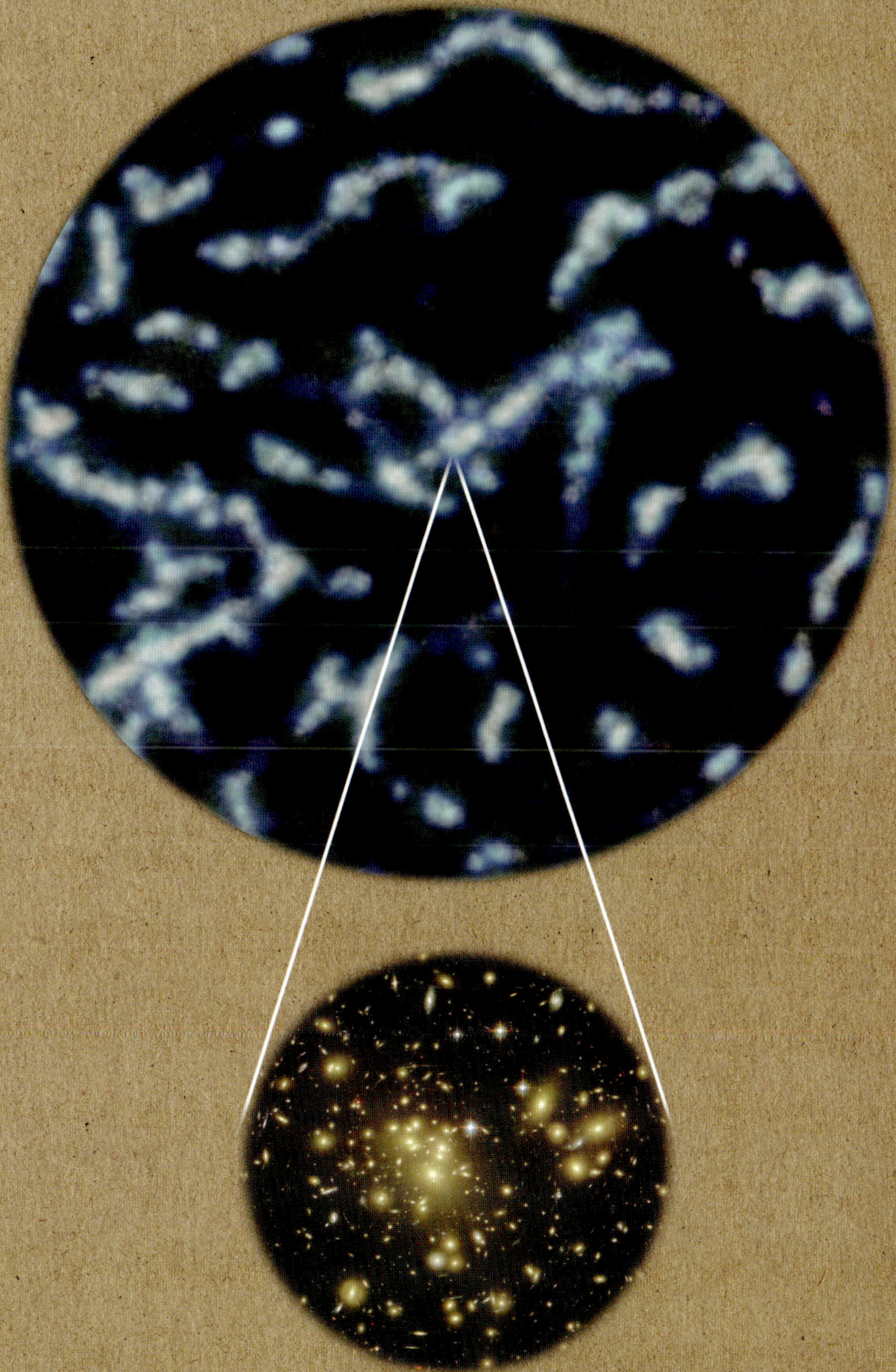

DAS UNIVERSUM

DAS UNIVERSUM
GLOSSAR

Big Chill Auch „Big Freeze" genannt, ein prognostiziertes Ende der Expansion des Universums, wenn Galaxien auseinandertreiben, Sterne verglühen, Galaxien verbraucht sind und das Universum selbst riesig, dunkel und kalt ist.

Big Crunch Eine andere Hypothese über das Ende: Das Universum dehnt sich bis zu einem kritischen Punkt weiter aus, zieht sich dann zusammen, wird immer dichter und heißer und schließlich unendlich dicht, unendlich heiß: Das ist der Big Crunch. Er könnte der Ausgangspunkt für einen weiteren Urknall sein. Durch die Entdeckung der Dunklen Energie (eine geheimnisvolle Macht, die die Expansion des Universums antreibt) ist dieses Szenario überholt.

Big Rip Eine dritte Hypothese über das Ende des Universums, dabei wird Materie (aller Größenordnung von Galaxie bis subatomares Teilchen) von der Dunklen Energie, die die Ausdehnung des Universums vorantreibt, zerrissen.

Dunkle Energie Energie, die die Expansion des Universums anregt.

Dunkle Materie Unsichtbare Materie, deren Gravitationswirkung anhand sichtbarer Materie, Galaxien und großformatigen Strukturen im Universum erkennbar ist.

Hubble-Konstante Expansionsrate des Universums.

Hypernova Gewaltige Explosion – setzt ungleich mehr Energie frei als eine Supernova –, verursacht langanhaltende Gammastrahlenausbrüche.

Inflation Sehr kurze Phase äußerst schneller Expansion im Anschluss an den Urknall, gefolgt von einer Zeit relativ langsamer Ausdehnung. Die Inflation soll lediglich für einen winzig kleinen Bruchteil einer Sekunde gedauert haben, zwischen 10^{-38} und 10^{-36} Sekunden nach dem Urknall.

Kosmischer Mikrowellenhintergrund Ein diffuses Strahlungsfeld, das erste Licht, das nach dem Urknall freigesetzt wurde und das expandierende Universum durchzog. Die Entdeckung des kosmischen Mikrowellenhintergrunds 1964 begründete die Überlegenheit der Urknalltheorie über alle anderen Theorien über Ursprung und Zustand des Universums.

Kosmologie Das Studium der Geburt, Form, Größe, Wachstum und vorausgesagtem Ende des Universums.

Lichtjahr Die Distanz, die Licht in einem Jahr zurücklegt: 9,5 Billionen Kilometer.

MOND Modified Newtonian dynamics (Modifizierte newtonsche Dynamik), eine Theorie, die behauptet, dass die Gravitation länger und stärker wirkt als allgemein angenommen und dass diese Wirkung mehr noch als Dunkle Materie die Galaxien und anderen Haufen zusammenhält, die sonst auseinanderdriften würden.

Naturkräfte Die vier Basiskräfte, die im Universum wirken: Gravitation, elektromagnetische Kraft, starke und schwache Wechselwirkung.

Quasare Sternähnliche Radioquellen. Astronomen nahmen zunächst an, sie seien Radiosterne, entdeckten aber später, dass die Radiowellen von einer Galaxie mit einem hellen Zentrum um ein supermassereiches schwarzes Loch abgegeben wurden.

Radiosterne Sterne, die Radiowellen aussenden, wie zum Beispiel Pulsare.

Steady-State-Theorie Idee des britischen Physikers James Jeans um 1920 herum, die 1948 durch den britischen Astronomen Fred Hoyle und Kollegen weiterentwickelt wurde als Gegenthese zur Urknalltheorie. Laut der Steady-State-Theorie wird in einem sich ununterbrochen ausdehnenden Universum ständig neue Materie produziert, mit der neue Sterne und Galaxien gebildet werden, während alte Galaxien und Sterne nicht mehr beobachtet werden können. Im Steady-State-Universum herrscht eine konstante Durchschnittsdichte, es gibt weder einen zeitlichen Anfang noch ein Ende. Diese Theorie wurde widerlegt.

Urknall Der Beginn von Raum und Zeit durch eine Explosion an einem einzigen, extrem heißen und extrem dichten Punkt. Laut verschiedener, rivalisierender Theorien wird das Universum, dessen Ausdehnung mit dem Urknall begann, mit dem Big Chill, Big Rip oder Big Crunch enden.

DER URKNALL

in 30 Sekunden

Aus der Tatsache, dass sich das Universum ausdehnt, leitet sich ab, dass es einen Anfang gegeben haben muss. Materie, Raum und Zeit entspringen einem einzigen Moment, den wir den Urknall nennen. Diesen Gedanken brachte ursprünglich Georges Lemaître als mögliche Lösung von Alberts Einsteins Gleichungen zur Allgemeinen Relativität vor. Allgemeine Anerkennung erhielt er mit der Entdeckung der kosmischen Hintergrundstrahlung 1964. Anschließende Beobachtungen, wie die Objekte in Galaxien mit starken Radioquellen sich mit der Zeit veränderten, unterstützten die Idee des sich entwickelnden Universums. Astronomen haben keine zementierte Erklärung dafür, was den Urknall auslöste, da wir mit unserem Verständnis der physikalischen Gesetze keine so extrem heiße und dichte Phase von Materie beschreiben können – ganz zu schweigen, dass wir erklären könnten, was „vorher" war. Innerhalb des Bruchteils einer Sekunde durchlief das Universum eine kurze Phase der Inflation, was zu einer außergewöhnlich schnellen Ausdehnung seiner Größe führte – und in die weitere, ständige Expansion – sowie zur Abkühlung. Die ersten Elementarteilchen formten sich und die Naturkräfte trennten sich in ihre heutige Form.

3-SEKUNDEN-KNALL

Alles in unserem Universum soll bei einem Ereignis, das wir „Urknall" nennen und das den Beginn von Raum und Zeit markiert, entstanden sein.

3-MINUTEN-ORBIT

Ironischerweise wurde der Begriff „Urknall" („Big Bang") als abfällige Beschreibung eines vehementen Gegners, Fred Hoyle, geprägt. Zwar vertrat er die alternative „Steady-State"-Kosmologie einer beständigen Produktion von Materie, dennoch bewiesen Hoyle und Kollegen, dass das große und einheitliche Vorkommen von Helium überall im Kosmos in einem urzeitlichen Universum entstanden sein musste statt ausschließlich durch Kernreaktionen in Sternen.

VERWANDTE THEMEN

Siehe auch
DIE AUSDEHNUNG DES UNIVERSUMS
Seite 96

KOSMISCHER MIKROWELLEN-HINTERGRUND
Seite 100

3-SEKUNDEN-BIOGRAFIE

ALEXANDER FRIEDMANN
1888–1925
Russisch/sowjetischer Mathematiker und Physiker

GEORGES LEMAÎTRE
1894–1966
Belgischer Astronom

FRED HOYLE
1915–2001
Britischer Astronom

MARTIN RYLE
1918–1984
Britischer Radioastronom

30-SEKUNDEN-TEXT

Andy Fabian

Der Begriff Urknall bezeichnet das monumentale Ereignis vor 13,7 Milliarden Jahren, dem die Entstehung des Universums folgte.

DIE AUSDEHNUNG DES UNIVERSUMS

in 30 Sekunden

Der zweite große Durchbruch des Astronomen Edwin Hubble, nachdem er bewiesen hatte, dass neben der Milchstraße weitere Galaxien existieren, war die Entdeckung, dass sich das Universum ausdehnt. Fast alle Galaxien bewegen sich von uns fort, die weiter entfernten ziehen sich ebenso zurück. Was für ein expandierendes Universum steht: Der Raum zwischen galaktischen Strukturen streckt sich und schiebt sie weiter auseinander. Astronomen verfolgten die Expansion zurück und konnten bestimmen, dass das Universum 13,7 Milliarden Jahre alt ist. Neuere Beobachtungen von Supernova-Explosionen in entfernten Galaxien, der Größe von Strukturen im kosmischen Mikrowellenhintergrund und der Materie in Galaxienhaufen haben gezeigt, dass die Expansionsrate während der letzten sechs Milliarden Jahre zugenommen hat. Eine beschleunigte Ausdehnung steht dafür, dass es mehr im Universum gibt als die Strahlung, die normale Materie und die Dunkle Materie, die wir beobachten. Die fehlende Zutat, von der man annimmt, dass sie für die schneller werdende Expansion verantwortlich ist, wird „Dunkle Energie" genannt und könnte Dreiviertel des Inhalts des Kosmos ausmachen. Wenn wir es schaffen, ihre genaue Beschaffenheit zu bestimmen, erfahren wir, ob das Universum in Milliarden von Jahren mit einem „Big Chill" oder einem „Big Rip" endet.

3-SEKUNDEN-KNALL
Die Verfolgung der Bewegung von Galaxien zeigt, dass unser Universum nicht statisch und ewig ist, sondern sich entwickelt und immer schneller wächst.

3-MINUTEN-ORBIT
Die Expansionsrate des Universums, bekannt als „Hubble-Konstante" war (um den Faktor 2) bis Mitte der 1990er ungenau, bis es die Beobachtung einzelner Sterne in nahen Galaxien mit dem Hubble-Teleskop ermöglichte, die Hubble-Konstante mit einer Genauigkeit von wenigen Prozent zu ermitteln. Dass das Licht von entfernten Objekten rotverschoben leuchtet, liegt an der Ausdehnung des Universums.

VERWANDTE THEMEN
Siehe auch
ANDERE GALAXIEN
Seite 86

DER URKNALL
Seite 94

3-SEKUNDEN-BIOGRAFIE
SAUL PERLMUTTER
1959–
US-Astrophysiker, bewies mit Schmidt und Riess, dass die Expansion des Universums schneller wird

BRIAN SCHMIDT
1967–
Amerikanisch-australischer Astrophysiker

ADAM RIESS
1969–
US-Astrophysiker

30-SEKUNDEN-TEXT
Andy Fabian

Seit dem Urknall dehnt sich der Raum aus und streckt die Entfernungen zwischen galaktischen Strukturen und das mit einer Rate, die sich in den letzten sechs Milliarden Jahren erhöhte.

Urknall
Expansion verlangsamt sich
Expansion wird schneller
Heute

20. November 1889
Geboren in Mansfield, Missouri

1898
Die Familie zog nach Chicago

1906–1910
Studierte Mathematik, Astronomie und Naturwissenschaft an der Universität Chicago

1910–1913
Studierte Jura, Literatur und Spanisch als Rhodes-Stipendiat am Queens College im englischen Oxford

1913
Kehrte in die USA zurück, kurze Tätigkeit als Anwalt in Louisville, Kentucky

1914–1917
Doktorand an der Universität Chicago. Dissertation mit dem Titel „Fotografische Untersuchungen schwacher Nebel"

1917
Erhielt Angebot vom Mount Wilson Observatory, Pasadena in Kalifornien. Lehnte ab, um im Ersten Weltkrieg zu kämpfen

1917–1918
Diente in der US-Army bis zum Rang eines Majors

1919
Nahm die Stelle am Mount Wilson Observatory an

1923
Entdeckte den Cepheiden im Andromedanebel (M31)

1926
Fand eine Methode zur Klassifizierung der Galaxien (Hubble-Sequenz)

1929
Formulierte das Hubble-Gesetz über die Rotverschiebung und Entfernung von Galaxien

1935
Entdeckte Asteroid 1373 Cincinnati. Schrieb *Die Rolle der Beobachtung in der Kosmologie* und *Das Reich der Nebel*

1940
Erhielt die Goldmedaille der Royal Astronomical Society

1942–1945
Diente in der US Army in Aberdeen, Maryland

1946
Erhielt die Medal of Merit für seine ballistische Arbeit

1948
Wurde Ehrenmitglied am Queen's College, Oxford

1949
Arbeitete als erster mit dem Hale-Teleskop (das weltgrößte optische Teleskop zu der Zeit) in Mount Palomar, San Diego, Kalifornien

1949
Erlitt einen Herzinfarkt

28. September 1953
Starb in San Marino, Kalifornien

1990
Die NASA gab dem neuen Hubble-Teleskop seinen Namen

EDWIN HUBBLE

Edwin Powell Hubble war der typische amerikanische Junge aus dem Mittelwesten – aufgeweckt, klug, ehrgeizig, stark und sportlich mit genau der richtigen Mischung aus Hirn und Muskeln, die einem ein Rhodes-Stipendium an der Universität Oxford in England einbringt. (Und so kam es: Hubble wurde Stipendiat und studierte drei Jahre am Queen's College, Oxford.) Zurück in der Heimat wurde er an der Indiana High School verehrt, wo er ein Jahr Spanisch, Mathematik, Physik und Basketball unterrichtete, danach versuchte er sich kurz als Jurist (seinem Vater zu Gefallen) und leistete mehr als bereitwillig in beiden Weltkriegen seinen Dienst. Unter all dem lauerte jedoch auch ein Sterngucker. Die Astronomie war seine erste Liebe. Als er 1917 seine Anwaltstätigkeit aufgab, um als Doktorand an die Universität Chicago zurückzukehren, sagte er: „Ich wusste, selbst wenn ich nur in zweiter oder Reihe stehen würde, war es die Astronomie, die zählte."

Er wurde als Astronom weder zweit- noch drittklassig. Hubbles Entdeckungen eröffneten das Universum. Er führte an, was Professor Stephen Hawking „eine der größten intellektuellen Revolutionen des 20. Jahrhunderts" nannte. Bei seiner Arbeit mit den Teleskopen in Mount Wilson und Palomar, Kalifornien, demonstrierte Hubble, dass wir von Millionen von Galaxien umgeben sind. (Herschel hatte das bereits vermutet, aber Hubble erbrachte den Beweis.) Hubble führte eine Methode zur Klassifizierung von Galaxien ein, die auf deren Erscheinung (elliptisch, linsen- oder spiralförmig und unregelmäßig) basierte, heute als Hubble-Sequenz bekannt. Durch seine sorgfältige Messung der galaktischen Rotverschiebung (die Art, wie sich die Wellenlänge des Lichts einer Galaxie zum Ende des Farbspektrums streckt, weil sich die Galaxie entfernt) zeigte er, dass sich Galaxien konstant (Hubble-Konstante) voneinander wegbewegen. Er nannte es die Rotverschiebungs-Abstands-Relation für Galaxien, heute Hubble-Gesetz genannt. Außerdem zeigte er, dass das Auseinanderdriften von Galaxien voneinander für die Ausdehnung des Universums steht. Diese Entdeckung unterstützte die im Jahr zuvor vorgestellte Urknall-Theorie des belgischen Astronomen Georges Lemaîtres. Hubble war so beeindruckend, dass Albert Einstein ihn 1931 besuchte, vornehmlich, um ihm zu gratulieren. Hubble verwandelte die Astronomie in Kosmologie und wurde als „Pionier der weit entfernten Sterne" bekannt.

KOSMISCHER MIKROWELLEN-HINTERGRUND

in 30 Sekunden

Das sehr junge Universum war eine unglaublich heiße Suppe, in der geladene Teilchen und Lichtphotonen schwammen. Sie waren so dicht gepackt, dass die einzelnen Photonen nicht weit kamen, ohne dass irgendeine Art von Interaktion stattfand, so dass das Licht nicht entkommen konnte. Während sich das Universum ausdehnte, kühlte es ab, bis es – etwa 380.000 Jahre nach dem Urknall – Temperaturen erreichte, die niedrig genug waren, dass sich die Teilchen zu den ersten Atomen zusammenfanden. Diese standen den Photonen nun nicht mehr im Weg, die frei durch das Universum schwirren konnten. Sie wurden zum diffusen kosmischen Mikrowellenhintergrund, der den ganzen Himmel füllte. Die einsetzende Expansion des Raums streckte die Wellenlänge der Photonen enorm. Die hellste Strahlung wird heute im Mikrowellenlicht beobachtet, was einer Temperatur von nur 2,725 Grad über dem absoluten Nullpunkt entspricht. Zwar wurde die Existenz des Mikrowellenhintergrunds seit den 1940ern theoretisch angenommen, seine zufällige Entdeckung 1964 durch Arno Penzias und Robert Wilson war der schlagende Beweis, der die Urknall-Theorie bewies.

3-SEKUNDEN-KNALL

Der kosmische Mikrowellenhintergrund – ein Schnappschuss des ersten Lichts nach dem Urknall – bestätigt unsere Vorstellung über Ursprung und Struktur des Universums.

3-MINUTEN-ORBIT

Präzise Satellitenmessungen der kosmischen Mikrowellenhintergrundstrahlung halten ihre Temperatur statt ihrer Intensität fest und zeigen ein marmoriertes Bild aufgrund kleinster Abweichungen vom Durchschnitt. Solche Fluktuationen folgen geringen Überdichten im Energie/Materie-Mix, die ein Fokus für Anziehungskraft sein können: Man nimmt an, dass diese „Saat" sich viel später zu riesigen Strukturen entwickelt, wie den Galaxien, die das heutige Universum bevölkern.

VERWANDTE THEMEN

Siehe auch
DER URKNALL
Seite 94

DIE AUSDEHNUNG DES UNIVERSUMS
Seite 96

JENSEITS DES LICHTS
Seite 102

3-SEKUNDEN-BIOGRAFIE

ARNO PENZIAS
1933–
US-Physiker

ROBERT WILSON
1936–
US-Physiker

30-SEKUNDEN-TEXT

Andy Fabian

Die Hintergrundstrahlung ist wie ein Blick auf das früheste Universum, den Moment, in dem Materie sich zum ersten Mal durch Gravitation verdichtete und die Saat säte für die Bildung von Galaxien.

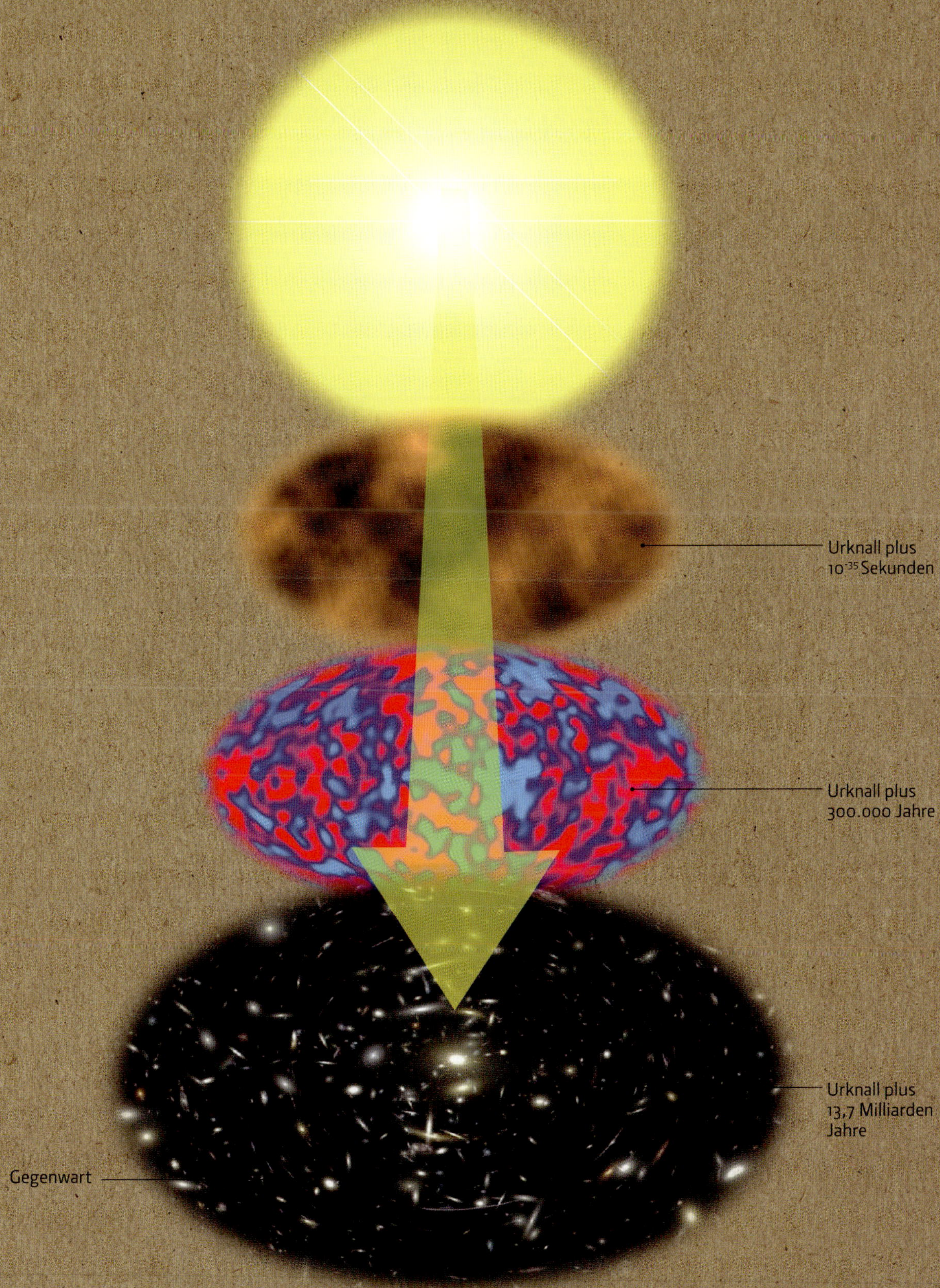
Urknall plus
10^{-35} Sekunden
Urknall plus
300.000 Jahre
Urknall plus
13,7 Milliarden
Jahre
Gegenwart

JENSEITS DES LICHTS

in 30 Sekunden

3-SEKUNDEN-KNALL
Wir sehen lediglich einen Bruchteil des Lichts um uns herum. Damit wir das Universum im Ganzen verstehen, müssen wir mehr sehen.

3-MINUTEN-ORBIT
Nur Licht mit einer bestimmten Energie (oder Wellenlänge), passiert unsere Atmosphäre. Radiowellen und sichtbares Licht kommen durch und ermöglichen uns den bewundernden Blick in den Nachthimmel mit bloßem Auge oder Parabolantennen. Schädliche Röntgen- und Gammastrahlung wird abgeblockt, darum brauchen wir Teleskope im Weltall, um zu sehen, welche gewaltigen Phänomene diese energiereichsten Lichtformen erzeugen.

Menschen sehen Licht in einem Spektrum von Rot bis Blau, für alles andere sind unsere Augen nicht empfindlich genug. Wir können Infrarotlicht nicht jenseits von Rot sehen oder Ultraviolett, Röntgenstrahlung und Gammastrahlung jenseits von Blau. Das ist ein Manko für Astronomen – alle Objekte im Universum geben Licht ab, aber nicht unbedingt die Art, die wir sehen können. Die Wellenlängen hängen von der Temperatur ab. Wenn Sterne zum ersten Mal vor der Kernreaktion leuchten und sie auf eine Temperatur höher als tausend Grad aufheizen, strahlen sie infrarotes Licht aus. Wenn die Kernfusion einsetzt und der Stern heißer als einige tausend Grad wird, ist das genug, um sichtbares Licht abzugeben, wie eine helle Glühbirne. Wird das Gas auf hunderttausende Grad aufgeheizt, gibt es ultraviolettes Licht ab. Gas, das einige Millionen Grad heiß ist, strahlt Röntgenlicht aus. Das ist das sichere Zeichen, dass heftige Prozesse bevorstehen. Und wenn massereiche Sterne zu Schwarzen Löchern kollabieren, erreicht das Gas Temperaturen von einigen Milliarden Grad, so heiß, dass es Gammalicht absondert.

VERWANDTE THEMEN
Siehe auch
KOSMISCHER MIKROWELLENHINTERGRUND
Seite 100

KOSMISCHE RÖNTGENSTRAHLUNG
Seite 104

DAS LICHTSPEKTRUM
Seite 122

3-SEKUNDEN-BIOGRAFIE
ISAAC NEWTON
1642–1727
Englischer Physiker

WILLIAM HERSCHEL
1738–1822
In Deutschland geborener britischer Astronom

30-SEKUNDEN-TEXT
Darren Baskill

Weil Gas bei unterschiedlichen Temperaturen Licht mit verschiedenen Wellenlängen abgibt, müssen wir für ein umfassendes Verständnis des Universums nach allem Licht suchen.

KOSMISCHE RÖNTGENSTRAHLUNG

in 30 Sekunden

3-SEKUNDEN-KNALL
In den extremsten Gegenden unseres Universums strahlt Millionen Grad heißes Gas Röntgenstrahlen ab und gewährt uns Einblicke auf gewaltige Ereignisse.

3-MINUTEN-ORBIT
Unsere Atmosphäre hält schädliche Röntgenstrahlen ab. Röntgenteleskope werden manchmal auf kurze 5-Minuten-Raketenflüge geschickt. Das ist ideal für technologische Tests, aber nur Momentaufnahmen der Geschehnisse. Für ein tieferes Verständnis bedient man sich Observatorien in der Erdumlaufbahn – NASAs Chandra, Europas XXM-Newton und Japans Suzaku –, die die gewaltigen Phänomene verfolgen, die Röntgenstrahlen abgeben.

Am 18. Juni 1962 werden bei einem Raketenflug über New Mexico Röntgenstrahlen entdeckt, die von außerhalb des Sonnensystems stammen und deren Quelle damals noch unbekannt war. Röntgenstrahlen sind hochenergetisches Licht, sie werden von Gas abgegeben, das durch enorme Prozesse auf mehr als eine Million Grad erhitzt wird. Fünfzig Jahre später kennen wir die Herkunft der kosmischen Röntgenstrahlen, da die neuesten Raumteleskope das Röntgenuniversum detailliert wiedergeben. Heute wissen wir, dass die Röntgenstrahlen von damals erzeugt wurden, als einem Stern, der die Hälfte der Sonnenmasse besaß, Gas entrissen wurde, als er auf einen dichten Neutronenstern stieß. Kosmische Röntgenstrahlen belegen, wie es in unserem Universum brodelt: Tote Sterne im Herzen von Supernova-Überresten, Gas, das durch kleine Schwarze Löcher in unsere Galaxie sickert, und supermassereiche Schwarze Löcher inmitten von Galaxien zeigen sich durch Röntgenstrahlen. Andere Quellen sind Sterne, die von ihren Begleitsternen zerstört werden, aber auch die kompaktesten und dichtesten bekannten Sterne, die Weißen Zwerge und Neutronensterne sowie Millionen Grad heißes Gas in den größten Strukturen des Universums, den massiven Galaxienhaufen.

VERWANDTE THEMEN
Siehe auch
SUPERNOVÄ
Seite 68

SCHWARZE LÖCHER
Seite 70

JENSEITS DES LICHTS
Seite 102

3-SEKUNDEN-BIOGRAFIE
RICCARDO GIACCONI
1931–2019
Italienisch-amerikanischer Astrophysiker

BRUNO ROSSI
1905–1993
Italienisch-amerikanischer Pionier der Röntgenastronomie

30-SEKUNDEN-TEXT
Darren Baskill

Im Zentrum unserer Galaxie heizte eine Explosion mit der Energie mehrerer hundert Supernovä Gas so stark auf, dass es Röntgenstrahlen aussendet.

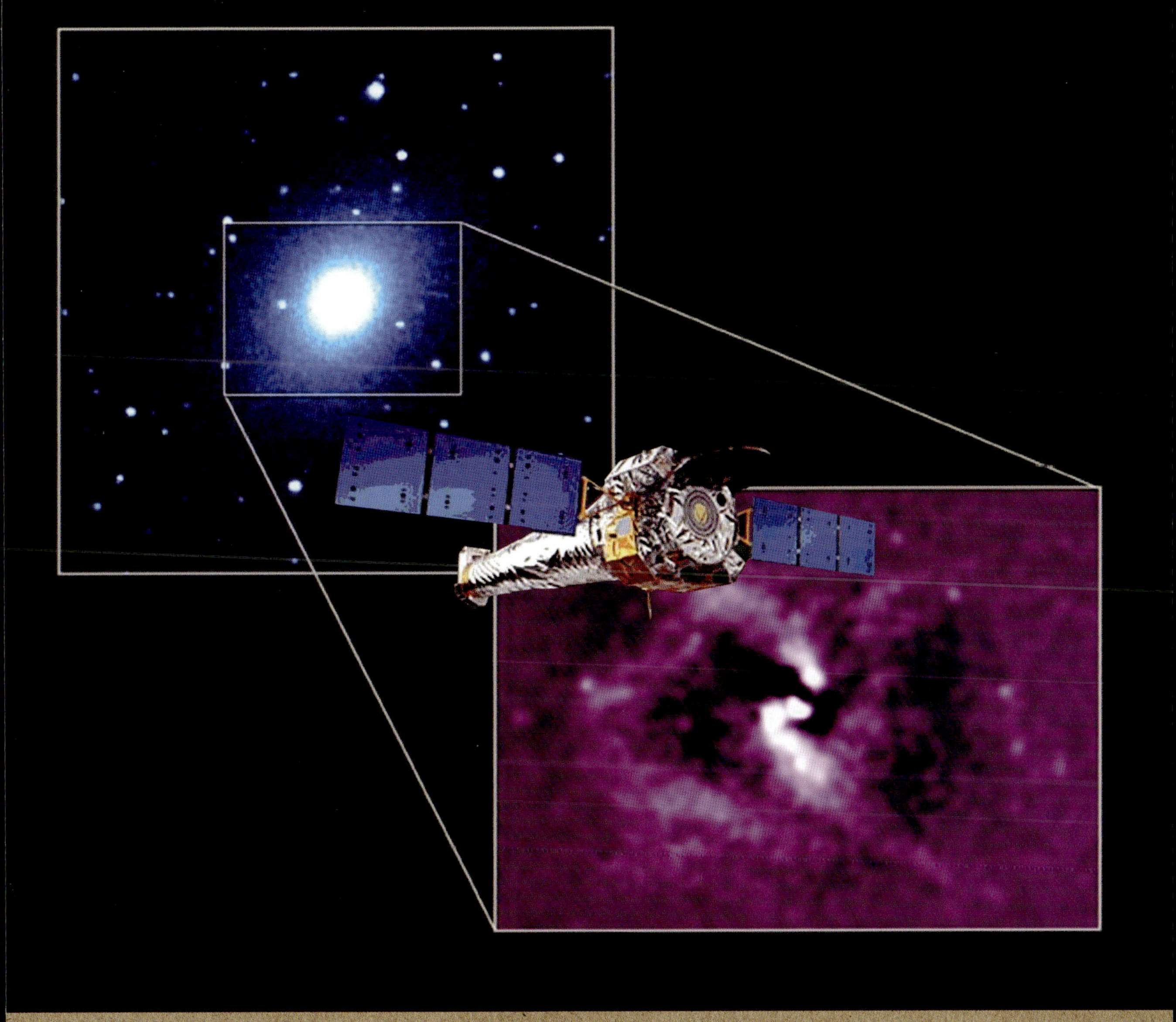

GAMMASTRAHLEN-AUSBRÜCHE

in 30 Sekunden

3-SEKUNDEN-KNALL
Gammastrahlenausbrüche sind Himmelsexplosionen– die lautesten Knalle im Universum seit dem Urknall, die mindestens täglich irgendwo geschehen.

3-MINUTEN-ORBIT
Der länger dauernde Gammastrahlenausbruch stammt aus der Explosion einer Hypernova, bei den kürzeren Ausbrüchen wird noch gerätselt. Es wird vermutet, dass sie auftreten, wenn ein Neutronenstern von einem Schwarzen Loch geschluckt wird oder zwei Neutronensterne ineinander prallen und zu einem Schwarzen Loch verschmelzen.

Gammastrahlendetektoren an Bord erdumlaufender Satelliten spüren täglich kurze, intensive Ausbrüche von Gammastrahlen auf. Jeder Ausbruch stammt aus einer entfernten Galaxie und zieht ein Nachglühen von Licht und Röntgenstrahlen sowie längeres Nachglühen bei Radiowellen nach. Die Ausbrüche sind enorme Explosionen mit dem Zehnfachen der Energie einer typischen Supernova, weswegen Astronomen sie in Galaxien auf der anderen Seite des Universums wahrnehmen können. Es gibt zwei Arten von Ausbrüchen: eine dauert kürzer als eine Sekunde, die andere etwa eine halbe Minute. Bei manchen der längeren Gammastrahlenausbrüche wurde im Anschluss eine Supernova in derselben Galaxie gesehen. Das Nachglühen entsteht, wenn Material, das die Supernova in das umgebende Gas versprengt, aufeinanderprallt. Gammastrahlen werden ausgesandt, wenn ein sehr massereicher, schnell rotierender Stern zu einem Schwarzen Loch kollabiert. Durch Rotation wird der Bereich an den Achsen frei und die Gammastrahlen entfliehen in einem Strahl, den wir nur sehen können, wenn er sich in Richtung Erde bewegt. „Täglich" ist also eine Untertreibung für die Häufigkeit, mit der diese Ereignisse – bekannt als „Hypernovä" – tatsächlich auftreten.

VERWANDTE THEMEN
Siehe auch
PULSARE
Seite 64

SUPERNOVÄ
Seite 68

SCHWARZE LÖCHER
Seite 70

3-SEKUNDEN-BIOGRAFIE
RAY KLEBESADEL
1932–
US-Wissenschaftler, entdeckte zufällig die Gammastrahlenausbrüche

30-SEKUNDEN-TEXT
Paul Murdin

Die Quellen der Gammastrahlenausbrüche wandeln Explosionskraft in energetische Strahlung und schicken Gammastrahlen durch das Universum.

QUASARE

in 30 Sekunden

3-SEKUNDEN-KNALL
Quasare sind Galaxien mit einem hellen Nukleus und einem supermassereichen Schwarzen Loch, die meist die Energie von 1000 normalen Galaxien ausstrahlen.

3-MINUTEN-ORBIT
Vermutlich findet sich im Zentrum der meisten Galaxien ein Schwarzes Loch, dennoch sind die meisten keine Quasare. Das Einströmen von Gas, das eine Galaxie zum Quasar macht, kann durch die Annäherung einer anderen Galaxie ausgelöst werden. Das Schwarze Loch unserer Galaxie, so massereich wie 4 Millionen Sonnen, ist inaktiv. Kommt uns in einigen Milliarden Jahren die Andromedagalaxie nah, wird der schlafende Riese wohl erwachen und unsere Galaxie zum Quasar werden.

Quasare wurden identifiziert, als Astronomen Radioquellen entdeckten, die wie gewöhnliche Sterne aussahen, wobei es sich aber herausstellte, dass sie Galaxien mit hellem Nukleus waren. Dieses Phänomen nannten sie „Quasi-Stellar Radio Source", später zu „Quasar" verkürzt. Unter anderem Radioteleskopaufnahmen von ausgezeichneter Präzision zeigen, dass die Kerne von Quasaren sehr klein sind und die Größe unseres Sonnensystems besitzen. Gas und Staub zirkulieren mit hohen Geschwindigkeiten um den Nukleus und umkreisen etwas, das zwar klein, aber massereich ist – vielleicht mehrere Millionen oder Milliarden Mal mehr als die Sonne. Der Nukleus eines Quasars ist ein supermassereiches Schwarzes Loch. Die Kraftquelle des Quasars ist die Freisetzung von Energie, wenn Gas ins Schwarze Loch tropft. Manchmal wird ein einzelner Stern hineingezogen. Die Gezeitenkraft des Schwarzen Lochs zieht den Stern aus seinem Gasfilament und große Mengen Energie werden als helle Fackel hinausgeschossen. Einige supermassereiche Schwarze Löcher setzen so viel Energie frei, dass Mengen des einlaufenden Gases wieder ausgestoßen werden. Es schießt in antiparallelen Strömen in entgegengesetzte Richtungen hinaus, weit in den intergalaktischen Raum hinein.

VERWANDTE THEMEN
Siehe auch
SCHWARZE LÖCHER
Seite 70

3-SEKUNDEN-BIOGRAFIE
MAARTEN SCHMIDT
1929–2022
Niederländisch-amerikanischer Astronom, identifizierte den ersten Quasar

30-SEKUNDEN-TEXT
Paul Murdin

Gas wirbelt um ein Schwarzes Loch im Zentrum einer Galaxie. Das einlaufende Gas wird mit erstaunlicher Wucht herausgeschleudert.

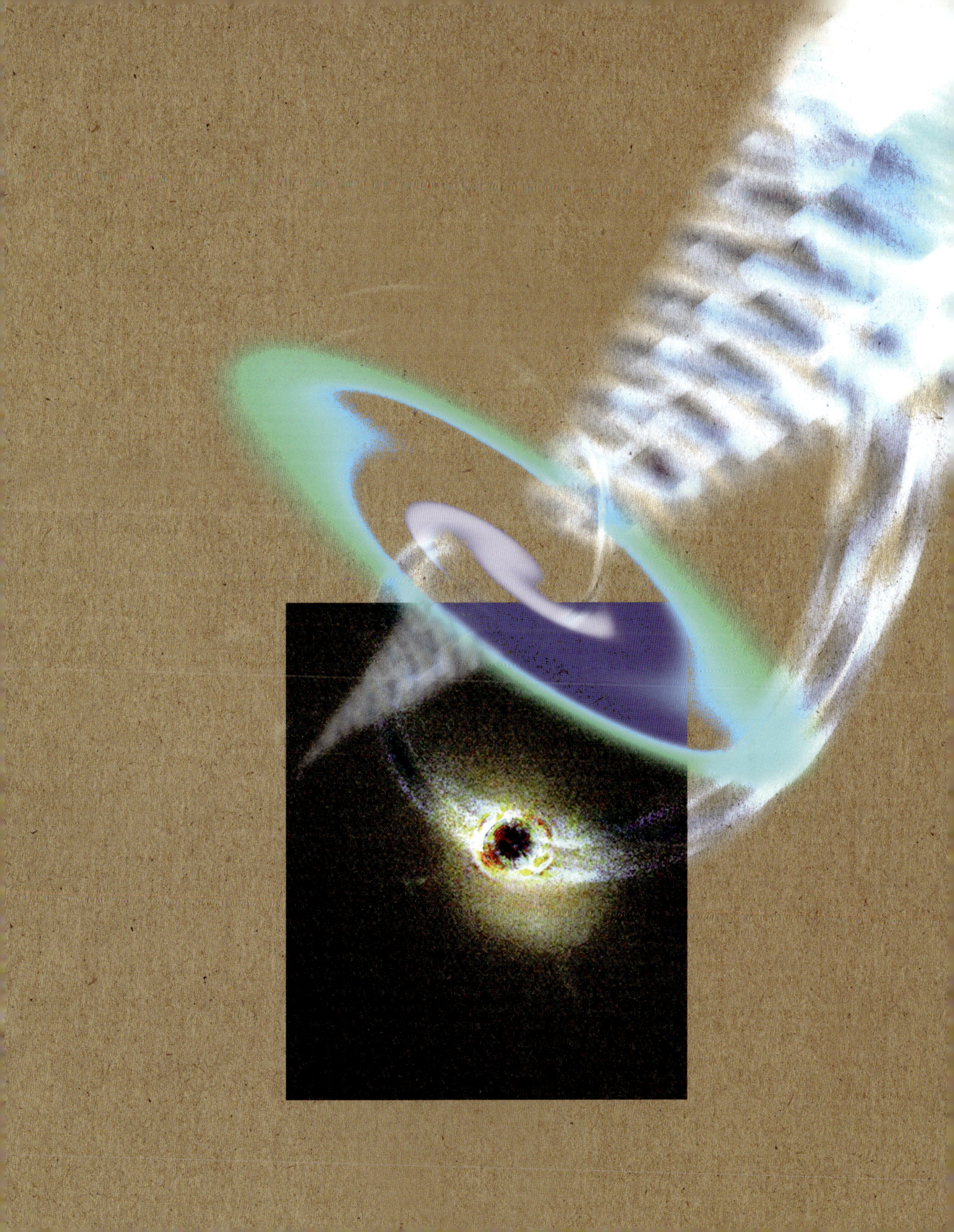

DUNKLE MATERIE

in 30 Sekunden

Unsere Sonne benötigt für einen Umlauf um die Milchstraße, der riesigen Sternenstadt, in der wir leben, 250 Millionen Jahre. Sterne in der Nähe der Schwarzen Löcher im Herzen der Galaxien haben einen schnellen Umlauf, der sie davor bewahrt, hineinzufallen. Weiter draußen könnte man erwarten, dass Sterne sich entweder langsamer bewegen oder in die Tiefe des Weltraums abdriften, dennoch bewegen sie sich schnell, ohne ihre Bahn zu verlassen. Eine mögliche Erklärung ist, dass es große Mengen an Materie mit einer starken Gravitation gibt, die die Sterne fixiert, die „Dunkle Materie": Der Theorie nach macht Dunkle Materie etwa 83 Prozent der Gesamtmaterie im bekannten Universum aus. Sie zeigt sich auch im größeren Maßstab, wenn wir beobachten, wie Galaxien einander in Haufen umkreisen. Den Beweis zu erbringen, was Dunkle Materie ist, ist eine der größten Herausforderungen der Astrophysik des 21. Jahrhunderts. In Experimenten wurde versucht, flüchtige Teilchen aufzuspüren, die die Quelle der dunklen Materie sein könnten. Die meisten dieser Experimente finden tief unter der Erdoberfläche statt, um sie vor kosmischer Strahlung zu schützen, die die empfindlichen Detektoren beeinflussen würden.

3-SEKUNDEN-KNALL

Astronomen wissen aufgrund der Auswirkung ihrer Gravitation, dass Dunkle Materie existiert, aber sie können sie selbst nicht sehen oder definieren, was sie ist.

3-MINUTEN-ORBIT

Die Wissenschaft bietet für die Erklärung, was Dunkle Materie ist, bisher interessante Theorien: MACHOs (Massive Kompakte Halo-Objekte), strahlungslos und schwer zu identifizieren, könnten Anziehungskräfte am Rande der Galaxien ausüben. Oder WIMPs (Schwach interagierende massereiche Teilchen) sind für diese unsichtbare Gravitation verantwortlich. WIMPs – unterschiedlich winzig, aber in großen Mengen massereich – werden als Erklärung favorisiert, den Beweis allerdings bleiben die Physiker noch schuldig.

VERWANDTE THEMEN

Siehe auch
DER URKNALL
Seite 94

DIE AUSDEHNUNG DES UNIVERSUMS
Seite 96

DUNKLE ENERGIE
Seite 112

3-SEKUNDEN-BIOGRAFIE

FRITZ ZWICKY
1898–1974
Schweizer Astronom

JAN OORT
1900–1992
Niederländischer Astronom

30-SEKUNDEN-TEXT

Darren Baskill

Dunkle Materie ist eine Gravitationsquelle, die unsere Galaxie – und unser Universum – zusammenhält. Bisher weiß leider niemand, was Dunkle Materie ist.

DUNKLE ENERGIE

in 30 Sekunden

3-SEKUNDEN-KNALL
Das Universum expandiert, die Galaxien entfernen sich immer schneller voneinander – „Dunkle Energie" wird im Weltraum freigesetzt und treibt die Ausdehnung an.

3-MINUTEN-ORBIT
Die Entdeckung der Dunklen Energie ist ein weiterer Beweis dafür, dass der Weltraum nicht einfach ein passiver, leerer Raum ist, sondern ein aktives physisches Gebilde, das Teilchenpaare bildet, Licht krümmt, Wellen der Anziehung aufrechterhält, die sich von Masse zu Masse verbreitet und ja, mit einem Knall ein Universum erschafft. Der Raum macht interessante Dinge, Materie auch.

Anfang des 20. Jahrhunderts – bevor Astronomen entdeckten, dass sich das Universum ausdehnt –wollte Albert Einstein mit seiner Allgemeinen Relativitätstheorie ein Universum statischer Galaxien beschreiben. Aber er stieß auf ein Problem: Galaxien ziehen sich gegenseitig an, und das würde bedeuten, dass ein statisches Universum kollabieren würde. Damit er erklären konnte, warum das nicht geschieht, erfand Einstein anhand eines Konzepts, das er die kosmologische Konstante, Λ, nannte, einen Schub nach außen. Als klarstand, dass das Universum expandierte, ließ Einstein seine Idee fallen und nannte sie seinen „größten Schnitzer". Galaxien ziehen einander an und verlangsamen die Ausdehnung des Universums. So sollte weit entfernte Galaxien, wie sie früher betrachtet wurden, schneller expandieren als näher gelegene. Das Hubble-Raumteleskop machte es 1998–1999 möglich, Objekte wie den Typ Ia (eine Supernova), die so weit entfernt sind, dass ihr Licht Milliarden Jahren zu uns gereist ist, zu messen. Zu Jedermanns Überraschung dehnten sich die entfernteren Galaxien mit dem Typ Ia-Supernovä langsamer aus als sie es heute tun. Tatsächlich beschleunigt sich die Expansion des Universums: Der Raum gibt „Dunkle Energie" ab, die das Universum immer schneller anschiebt. Einstein hatte also doch etwas Wichtiges erdacht.

VERWANDTE THEMEN
Siehe auch
SUPERNOVÄ
Seite 68

DIE AUSDEHNUNG DES UNIVERSUMS
Seite 96

3-SEKUNDEN-BIOGRAFIE
SAUL PERLMUTTER
1959–
US-Astrophysiker, Mitentdecker (mit Schmidt und Riess) der Beschleunigung der Galaxien und des Phänomens der Dunklen Energie

BRIAN SCHMIDT
1967–
Australischer Astrophysiker

ADAM RIESS
1969–
Amerikanischer Astrophysiker

30-SEKUNDEN-TEXT
Paul Murdin

Die Geschichte des Universums liest sich vom Urknall über die Abkühlungsphase, die Entstehung der Galaxien und ihrer Ausdehnung, die von Dunkler Energie beschleunigt wird.

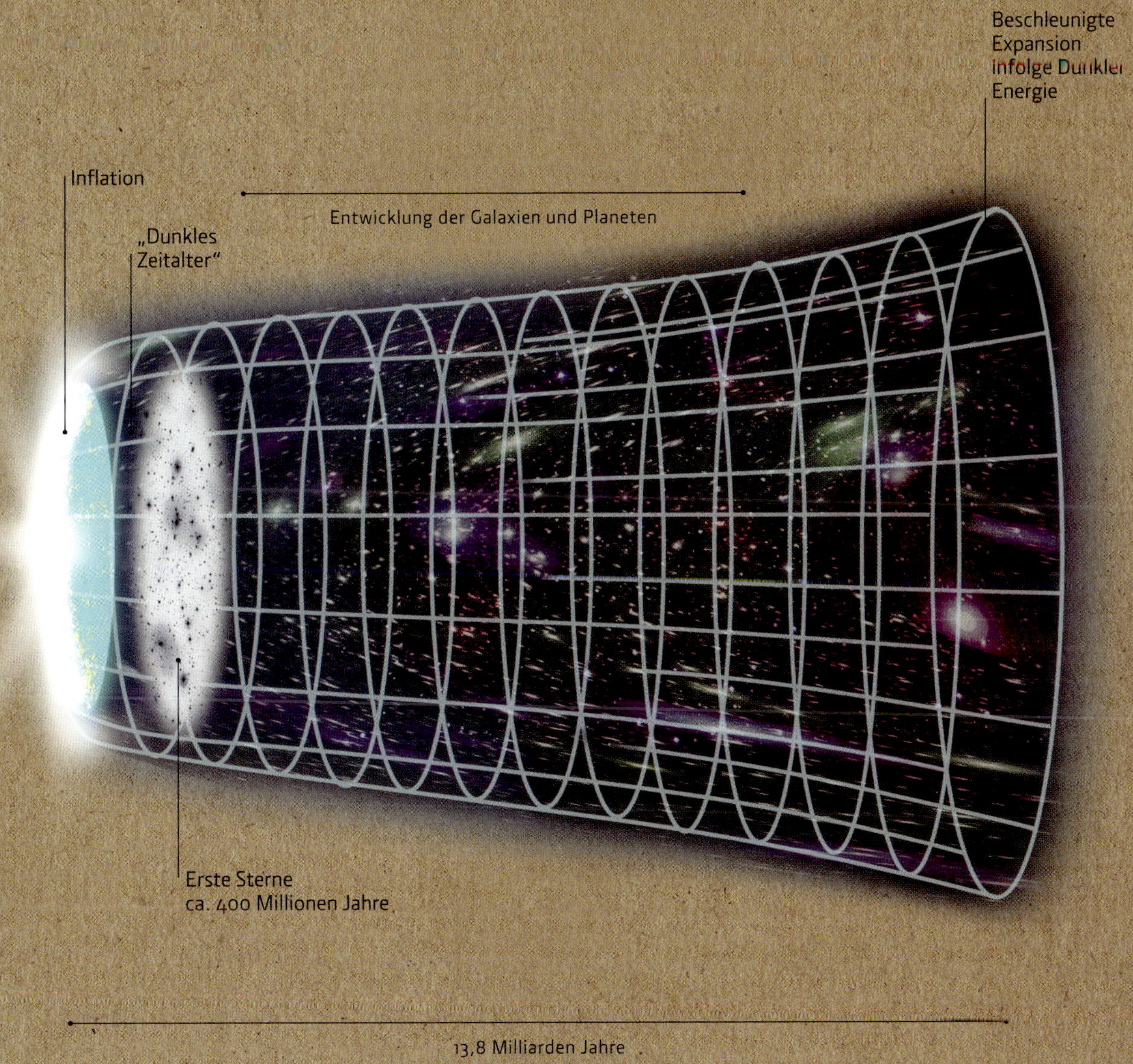
Beschleunigte Expansion infolge Dunkler Energie
Inflation
Entwicklung der Galaxien und Planeten
„Dunkles Zeitalter"
Erste Sterne
ca. 400 Millionen Jahre
13,8 Milliarden Jahre

RAUM & ZEIT

61 Cygni Doppelstern im Sternbild Schwan. Er war der erste Stern, dessen Parallaxe vermessen wurde. Das geschah 1838 durch den preußischen Astronom Friedrich Bessel. Und als Bessel seine Entfernung auf 10,4 Lichtjahre berechnete, war dies die erste Einschätzung der Distanz zu einem anderen Stern als unserer Sonne. Die tatsächliche Entfernung beträgt 11,4 Lichtjahre.

Akkretion Einfangen und Aufnahme von Gas durch einen massiven Körper. Wenn das Gas spiralförmig in ein Schwarzes Loch gezogen wird, werden Temperaturen von mehreren Millionen Grad erzeugt und das Gas gibt Röntgenstrahlen ab. Anhand dieser Strahlung können Astronomen die Existenz eines Schwarzen Lochs feststellen, das unsichtbar ist. Akkretion beschreibt auch die Aufnahme von Gas oder anderer Materie eines Sterns (über Sternüberreste) durch seinen kleinen Begleitstern in einem Doppelsternsystem.

Asteroid Gesteinskörper in unserem Sonnensystem, kleiner als ein Planet, der die Sonne umläuft. Die Mehrheit der identifizierten Asteroiden befindet sich im Asteroidengürtel zwischen Mars und Jupiter. Eine Forschungsarbeit des Carnegie Institution in Washington, D.C. ergab 2012, dass die Landung von Asteroiden, und nicht Kometen, wie zuvor angenommen, auf der Erde die Quelle unseres Wassers ist.

Blauverschiebung Die Verkürzung der Wellenlänge des Lichts zum blauen Ende des Spektrums hin, verursacht durch die Relativbewegung des lichtausstrahlenden Objekts auf den Betrachter zu. Die Andromedagalaxie zeigt eine Blauverschiebung, weil sie sich auf unsere Milchstraße innerhalb der Lokalen Gruppe zubewegt. Blauverschiebung beschreibt zudem die Verkürzung der Wellenlängen außerhalb des sichtbaren Spektrums – bei Radiowellen oder Röntgenstrahlen –, wenn ihre Quelle sich auf den Betrachter zubewegt.

Ellipse Ein abgeflachter Kreis, der entsteht, wenn sich ein Punkt in einer geschlossenen Kurve bewegt, in der die Summe der Entfernungen des Punkts von zwei festen Punkten eine Konstante ist. Umlaufbahnen im Weltraum – von Satelliten um einen Zentralkörper, Planeten um die Sonne und der Sterne umeinander oder um das Zentrum einer Galaxie – sind elliptisch.

Gravitation Kraft, die Körper zueinander zieht. Im Weltraum wirkt die Gravitation proportional zum Produkt der Masse zweier Körper und umgekehrt proportional zur Distanz zum Quadrat zwischen ihnen. Auf der Erde verleiht die Gravitation Objekten Gewicht, so dass sie zu Boden fallen, wenn sie losgelassen werden. Im All wirkt Gravitation auf viele Arten – zum Beispiel hält sie die Erde und die anderen

Planeten auf ihrer Bahn um die Sonne oder lässt die Sonne das Zentrum der Milchstraße umkreisen. Gravitation ist zudem die Kraft, die ein Schwarzes Loch entstehen lässt, wenn in einem Gebiet Materie dermaßen zusammengedrückt wird und die Masse so zunimmt, dass die Gravitation stark genug ist, alles in der Umgebung in das Schwarze Loch zu ziehen.

Lokale Gruppe Gruppe von mehr als 30 Galaxien mit einem Durchmesser von 10 Millionen Lichtjahren, zu der auch unsere eigene Galaxie (Milchstraße), unsere nächste Spiralgalaxie (Andromedagalaxie) und die Dreiecksgalaxie gehört. Das Gravitationszentrum der Gruppe liegt zwischen der Milchstraße und der Andromedagalaxie.

Proxima Centauri Roter Zwergstern im Sternbild Zentaur, der unserer Sonne nächstgelegene Stern, etwa 4,3 Lichtjahre von ihr entfernt. Die zwei Sterne Alpha Centauris, die uns am zweit- und drittdichtesten gelegenen, sind nur 0,2 Lichtjahre von Proxima Centauri entfernt. Früher wurde Alpha Centauri als Doppelsternsystem klassifiziert, heute gilt Proxima Centauri mit den beiden Sternen von Alpha Centauri als Einheit, als Dreigestirn.

Raumzeit Kontinuum von Raum und Zeit, eine Idee, die der deutsch-schweizerisch-amerikanische theoretische Physiker Albert Einstein aufbrachte. Konventionell wurden die drei Raumdimensionen und die Zeitdimension getrennt betrachtet, die Raumzeit hingegen ist vierdimensional.

Rotverschiebung Die Streckung der Lichtwellenlänge zum roten Ende des Spektrums, verursacht durch ein lichtausstrahlendes Objekt, das sich relativ von einem Betrachter fortbewegt. Licht aus Galaxien, die sich von uns entfernen, ist „rotverschoben". Die Rotverschiebung beschreibt die Verlängerung von Wellenlängen außerhalb des sichtbaren Spektrums, wenn ihre Quelle sich vom Betrachter entfernt.

LICHTJAHRE & PARSEC

in 30 Sekunden

3-SEKUNDEN-KNALL
Die Entfernung eines Sterns zur Erde zeigt sich darin, wie lang das Licht zu uns reist, und in seiner veränderten Position auf der Bahn der Erde um die Sonne.

3-MINUTEN-ORBIT
Zur Verdeutlichung im Stil des 17. Jahrhunderts, wie weit die Sterne entfernt liegen, schrieb der Naturphilosoph Francis Robartes 1694, dass „Licht länger von den Sternen zu uns reist als wir, wenn wir eine Reise nach Westindien unternehmen (welches üblicherweise sechs Wochen dauert)". Der nächste Stern, Proxima Centauri, ist 4,3 Lichtjahre entfernt – 40,9 Billionen km – und hat eine Parallaxe von 0,7 Bogensekunden.

Vor 1543 argumentierten die meisten Astronomen, dass die Erde sich nicht bewegt, weil sich auch die Positionen der Sterne nicht verändern würden. In dem Jahr aber bewies Nikolaus Kopernikus, dass die Erde sich sehr wohl bewegt – und zwar um die Sonne herum. Da Sterne sich nicht relativ zueinander bewegen, folgerte er, dass sie weit entfernt sein mussten. Tatsächlich gibt es winzige wahrnehmbare Bewegungen, die von Sternen in Relation zur Erde heißen „Parallaxe". Der erste Astronom, der eine Parallaxe maß, war Friedrich Bessel, der 1838 die Parallaxe des Sterns 61 Cygni auf ⅓ Bogensekunde (⅓ einer Bogensekunde ist etwa 1/10.000 Grad) maß, etwa so dick wie eine Nadel aus 135 m betrachtet. Die Entfernung eines hypothetischen Sterns, dessen Parallaxe 1 Bogensekunde beträgt, wird als 1 Parsec definiert – was 30,6 Billionen km entspricht –, obwohl der nächste Stern nicht ganz so dicht dran ist. Bessel illustrierte die Entfernung von 61 Cygni durch die Berechnung, dass das Licht 11 Jahre unterwegs ist. Ein „Lichtjahr" – die Entfernung, die Licht in einem Jahr zurücklegt – beträgt 9,5 Billionen km.

VERWANDTE THEMEN
Siehe auch
FARBE & HELLIGKEIT VON STERNEN
Seite 54

3-SEKUNDEN-BIOGRAFIE
OLE RØMER
1644–1710
Dänischer Astronom, errechnete als erster die Lichtgeschwindigkeit

FRIEDRICH BESSEL
1784–1846
Preußischer Mathematiker und Astronom

30-SEKUNDEN-TEXT
Paul Murdin

Das Licht reist in vier Jahren vom nächstgelegenen Stern zur Erde, aber von der Sonne zur Erde in nur acht Minuten.

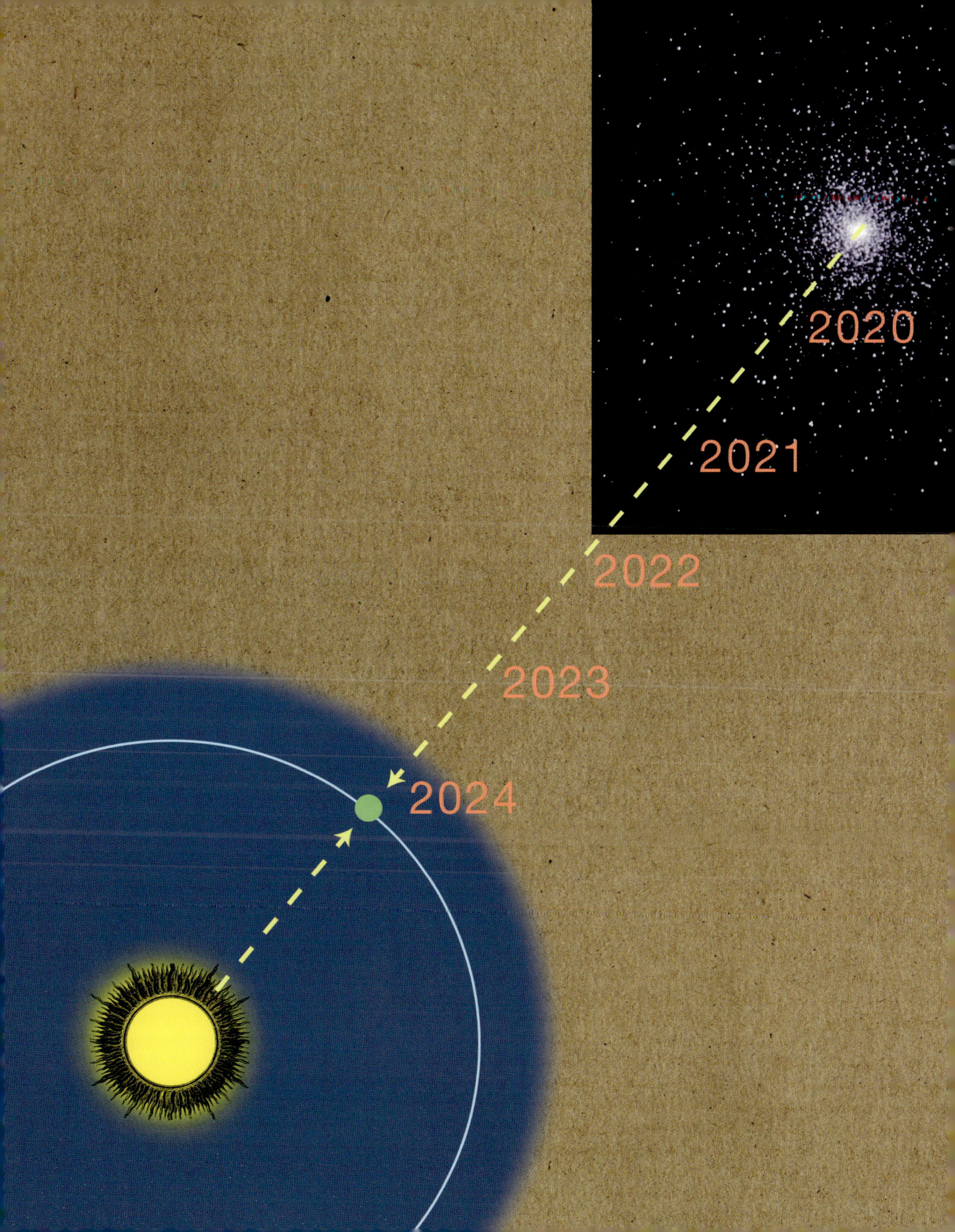
2020
2021
2022
2023
2024

ELLIPSEN & ORBITS

in 30 Sekunden

3-SEKUNDEN-KNALL
Die Gravitation ist die wichtigste Kraft für die Bewegung von Himmelskörpern. Isaac Newtons Erkenntnis, wie sie wirkte, war der Beginn der wissenschaftlichen Ära.

3-MINUTEN-ORBIT
Eine Ellipse ist ein guter Annäherungswert an den Orbit eines Planeten im Sonnensystem, weil die Anziehungskraft der Sonne dominiert und die von anderen Planeten vernachlässigbar ist. Auf lange Sicht jedoch verhalten sich die Bahnen von zwei oder mehr Planeten um einen Stern chaotisch, die Planeten verdecken einander und ziehen einsame Bahnen, die irgendwann unberechenbar werden. Umlaufbahnen sind nicht so bestimmbar wie häufig angenommen wird.

Bis zum 16. Jahrhundert glaubten Astronomen, dass die Planeten sich kreisförmig um die Sonne bewegten oder in einer Kombination aus Kreisen, die Epizykel genannt wird. Tycho Brahe baute vor der Erfindung der Teleskope ein Observatorium, um ihre tatsächliche Bewegung zu messen. 1605 verwendete sein Schüler Johannes Kepler diese Messungen, um zu beweisen, dass die Planeten die Sonne ellipsenförmig umliefen. Warum sie das taten, blieb ein Rätsel, bis Isaac Newton zeigen konnte, dass dies eine Konsequenz seiner Gravitationstheorie war und speziell die Anziehungskraft zwischen der Sonne und einem Planeten proportional zum reziproken Quadrat der Distanz zwischen ihnen wirkt. Der Orbit (Umlaufbahn) eines Sterns um einen anderen oder eines Satelliten um seinen Mutterplaneten ist ebenfalls elliptisch. Newton war stolz auf seine „universelle" Theorie – ein weiterer Triumph war es, als Newtons Freund, Edmund Halley, anhand dieser Theorie bewies, dass der Orbit eines bestimmten Kometen um die Sonne eine abgeflachte Ellipse war und er in 74 Jahren zurückkehren würde. (Heute kennen wir ihn als den „Halley'schen Kometen".) Typischere Kometen umlaufen die Sonne in einer Parabel: eine extreme Ellipse, die sehr lang und dünn ist.

VERWANDTE THEMEN
Siehe auch
DOPPELSTERNE
Seite 56

EXOPLANETEN
Seite 142

3-SEKUNDEN-BIOGRAFIE
TYCHO BRAHE
1546–1601
Dänischer Astronom

JOHANNES KEPLER
1571–1630
Deutscher Entdecker der drei Gesetze zur Planetenbewegung

EDMUND HALLEY
1656–1742
Englischer Astronom

EDWARD LORENZ
1917–2008
Amerikanischer Entdecker der Chaostheorie

30-SEKUNDEN-TEXT
Paul Murdin

Die Planeten und Asteroiden umlaufen die Sonne in Ellipsen, einige Kometen ebenfalls, andere in Parabeln.

DAS LICHTSPEKTRUM

in 30 Sekunden

3-SEKUNDEN-KNALL
Es gehört mehr zum Licht als wir sehen! Astronomen untersuchen den Kosmos, indem sie das Licht der Himmelskörper in Millionen von Farben zerlegen.

3-MINUTEN-ORBIT
Lichtwellen ähneln Klangwellen. Nähert sich uns ein Auto mit einer Sirene und rast an uns vorbei, ändert sich dabei die Tonhöhe der Sirene – die Bewegung des Autos verkürzt und streckt die Klangwellen. Ähnlich können die Wellenlängen des Lichts blauverschoben (verkürzt) oder rotverschoben (verlängert) sein. Hochauflösende Spektroskopie kann sogar winzige Bewegungen von lediglich 1 m pro Sekunde aufspüren, wie die von Planeten, die an ihren Sternen zerren.

Das Licht reist in Wellen, die Länge – oder Größe – der Wellen bestimmt ihre Farbe. Alles Licht, das wir sehen können, ist eine Kombination aus vielen Wellenlängen von Licht, von 400 bis 750 Nanometern oder von Blau-Violett zu Rot. Astronomen verwenden „Spektrometer", um das Licht eines Objekts in seine einzelnen Wellenlängen zu zerlegen. Auch unsere Augen sind Spektrometer, aber ungenaue. Sie verbinden die Vielzahl an Wellenlängen in einem Spektrum in drei große Gruppen und so nehmen wir Farben einfach als Mischung aus „Rot", „Grün" und „Blau" wahr. Glühlampen (mit ihrer weichen Verteilung der Wellenlängen) und Leuchtstoffröhren (die nur wenige verschiedene Wellenlängen haben) erscheinen unseren Augen gleich, obwohl sich ihre Spektren beim Blick durch ein Spektrometer mit höherer Auflösung unterscheiden. Mithilfe von Spektrometern können Astronomen entfernte Objekte analysieren, ohne sie zu besuchen. Verschiedene Atome und Moleküle geben unterschiedliche Wellenlängen ab oder nehmen sie auf. Anhand dieser spektroskopischen Fingerabdrücke können Astronomen die Mineralogie von Asteroiden, die Zusammensetzung von Sternen, die Gravitation Weißer Zwerge, die Bewegung der Galaxien und die Dynamik akkretierender Schwarzer Löcher bestimmen – und mehr, und alles gemütlich aus dem Teleskopkontrollraum heraus.

VERWANDTE THEMEN
Siehe auch
SONNE
Seite 36

FARBE & HELLIGKEIT VON STERNEN
Seite 54

JENSEITS DES LICHTS
Seite 102

3-SEKUNDEN-BIOGRAFIE
ISAAC NEWTON
1642–1727
Englischer Physiker

CECILIA PAYNE-GAPOSCHKIN
1900–1979
Englisch-Amerikanische Astrophysikerin

30-SEKUNDEN-TEXT
Zachory K. Berta

Das Spektrum von Sternenlicht ist meist ein weicher, durchgängiger Regenbogen aus Licht, aber es fehlt an Licht mit sehr speziellen Wellenlängen, das von den Atomen und Molekülen des Sterns aufgenommen wird.

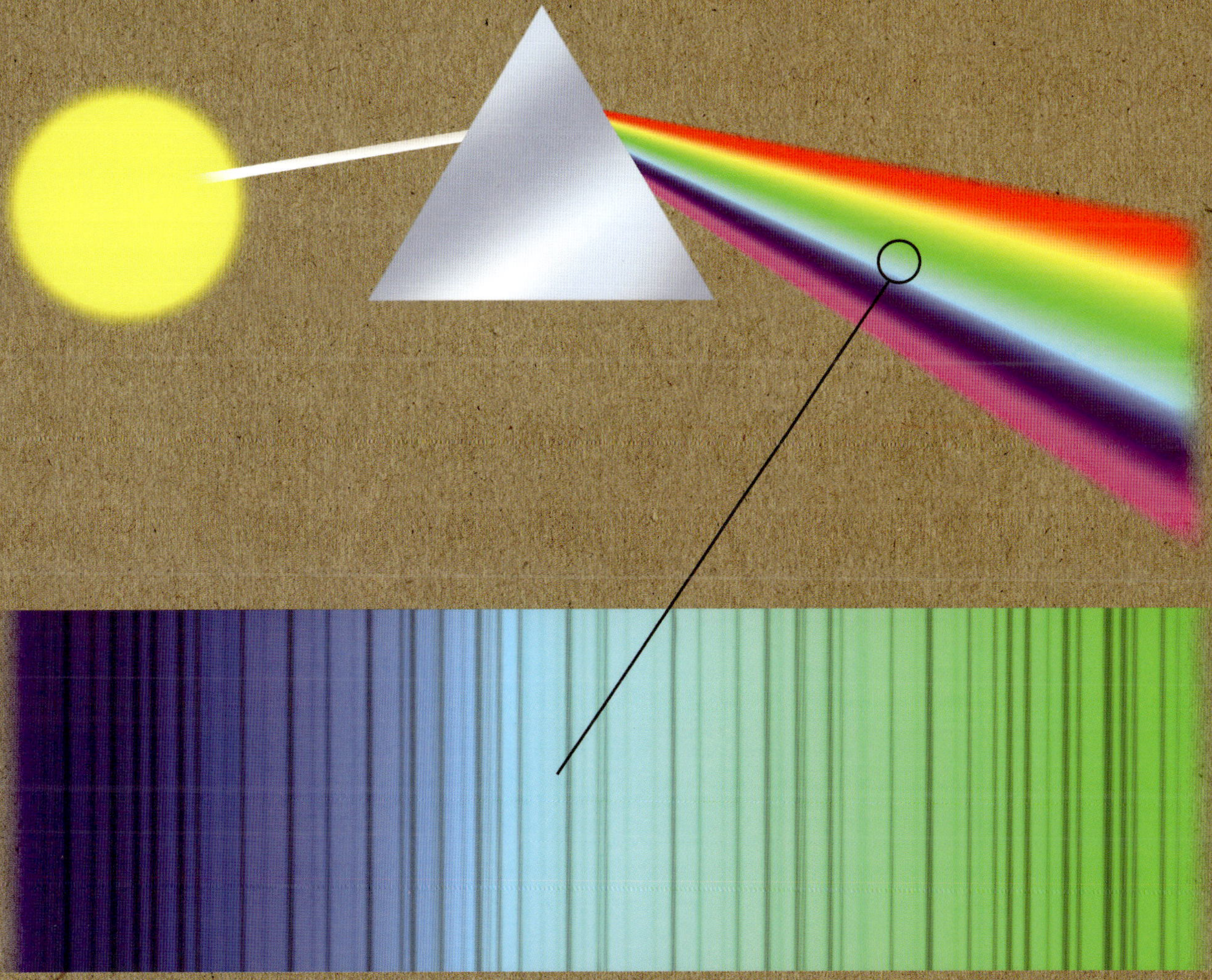

SCHWERKRAFT

in 30 Sekunden

3-SEKUNDEN-KNALL
Die Schwerkraft trägt grundlegend zu unserem Verständnis des Universums bei als Kraft, die die Bewegung und Interaktion astronomischer Körper vorgibt.

3-MINUTEN-ORBIT
Immer, wenn sich die Anziehungskraft auf einen Himmelskörper verändert, entstehen Gezeitenkräfte. Das wirkt so stark auf die Ozeane der Erde, die entweder dem Mond am nächsten oder am weitesten von ihm entfernt sind, dass es zweimal am Tag zu Hochwasser kommt. Gezeitenkräfte zwischen sich verbindenden Galaxien reißen lange Ströme Sterne und Gas heraus und Sterne, die einem Schwarzen Loch zu nahe kommen, können vollständig zerfetzt werden durch Gezeitenkräfte.

Im 17. Jahrhundert stellte der englische Physiker und Mathematiker Isaac Newton die Idee der Schwerkraft als unsichtbaren Zug auf einen Körper aus der Entfernung vor. Das Gravitationsgesetz besagt, dass jeder Körper im Universum Kraft auf andere ausübt: Mehr Masse übt mehr Kraft aus, die aber nachlässt, je weiter sich Körper voneinander entfernen. Durch die Schwerkraft lässt sich das Gewicht einer Masse bestimmen, und sie bestimmt, in welche Richtung sich ein Objekt bewegt, wenn es losgelassen wird. Das einfache Schwerkraftprinzip erklärt einiges des beobachteten Verhaltens eines nahen Universums. Und es erklärt präzise die Umlaufbewegungen der Planeten und ihrer Monde, so dass Raumfahrtagenturen erfolgreich Robotersonden aussenden können, um das Sonnensystem zu erforschen. Die Schwerkraft gibt die Bewegung der Sterne in unserer Galaxie und die der Galaxien in ihren Haufen vor, wie bei unserer lokalen Gruppe. Unser Verständnis der Schwerkraft wurde durch den deutsch-amerikanischen Physiker Albert Einstein und dessen Allgemeiner Relativitätstheorie (1915) vertieft, die Newtons Ideen ablöste, wenn die Geschwindigkeit sich der Lichtgeschwindigkeit annähert. Wir verstehen mehr darüber, was die Schwerkraft macht als was sie ist – wie Gravitation und Quantentheorie vereint werden, bleibt ein wichtiges, ungelöstes Problem der Physik.

VERWANDTE THEMEN

Siehe auch
MOND
Seite 20

GALAKTISCHE STRUKTUREN
Seite 88

ELLIPSEN & ORBITS
Seite 120

RELATIVITÄT
Seite 126

3-SEKUNDEN-BIOGRAFIE
ISAAC NEWTON
1642–1727
Englischer Physiker

ALBERT EINSTEIN
1879–1955
Deutsch-schweizerisch-amerikanischer theoretischer Physiker

30-SEKUNDEN-TEXT
Andy Fabian

Wenn Galaxien relativ langsam aneinander vorbeiziehen, zieht die Gravitation der einen „Gezeiten"-Schweife aus Gas und Sternen heraus und zerstört ihre Spiralform.

RELATIVITÄT

in 30 Sekunden

3-SEKUNDEN-KNALL
Die Relativität beschreibt, wie die relative Geschwindigkeit eines Betrachters oder Objekts sowie wechselnde Geschwindigkeiten die Messung von Entfernung und Zeit und die Wirkung der Schwerkraft verändern.

3-MINUTEN-ORBIT
Die Vorhersagen der Relativität sind durch spezielle Tests bewiesen worden. Im Gegensatz zu Isaac Newtons Gesetz über die Schwerkraft erklärt die Relativität Anomalien im Orbit von Merkur, Illusionen durch Gravitationslinsen und das Verlangsamen der Zeit in starken Gravitationsfeldern, aber auch das Einschrauben sehr naher Doppelsterne aufgrund der Abgabe von Gravitationswellen – ein Kräuseln der Raumzeit, das sich mit Lichtgeschwindigkeit verbreitet.

In seiner Speziellen Relativitätstheorie (1905) führt Albert Einstein an, dass Messungen von Länge und Zeitintervallen durch die relative Geschwindigkeit der Beobachtungen einer Person und der Geschwindigkeit des Ereignisses oder Objekts beeinflusst werden. Beobachtungen eines unbewegten Betrachters einer sich schnell bewegenden Uhr zeigen, dass sie langsamer wird, und beobachtete Längen scheinen kürzer, wenn Betrachter stillstehen. Allerdings verändern sich weder die Lichtgeschwindigkeit noch die Gesetze der Physik für die Betrachter, ungeachtet ihrer Bewegungsgeschwindigkeit. Das brachte Einstein auf seine berühmte Gleichung $E=mc^2$, die ausdrückt, dass jede Masse Energie bedeutet. Dieses Konzept erklärt, wie Masse, die durch Kernreaktionen freigesetzt wird, Sternen Energie verleiht. 1915 erweiterte Einstein seine Gedanken mit der Allgemeinen Relativitätstheorie, die Beschleunigungen zwischen Betrachter und betrachtetem Objekt berücksichtigte. Dadurch entstand ein neuer Blickwinkel auf die Gravitation, die durch die Krümmung von Raum und Zeit dort, wo Massen sind, verursacht wird. Daher beeinflusst die Verteilung von Masse im Universum die gesamte Form des Raums. Berühmt ist auch das Äquivalenzprinzip, das besagt, dass es dem Betrachter im kleinen Maßstab unmöglich ist, zwischen nach abwärts gerichteter Schwerkraft und einer aufwärts gerichteten Beschleunigung zu unterscheiden.

VERWANDTE THEMEN
Siehe auch
DOPPELSTERNE
Seite 56

SCHWARZE LÖCHER
Seite 70

SCHWERKRAFT
Seite 124

GRAVITATIONSLINSEN
Seite 128

3-SEKUNDEN-BIOGRAFIE
HENDRIK LORENTZ
1853–1928
Niederländischer Physiker

ALBERT EINSTEIN
1879–1955
Deutsch-schweizerisch-amerikanischer theoretischer Physiker

30-SEKUNDEN-TEXT
Andy Fabian

Der Raum legt sich in tiefe Senken gebogen um Objekte mit Masse wie Planeten, Sterne und Galaxien.

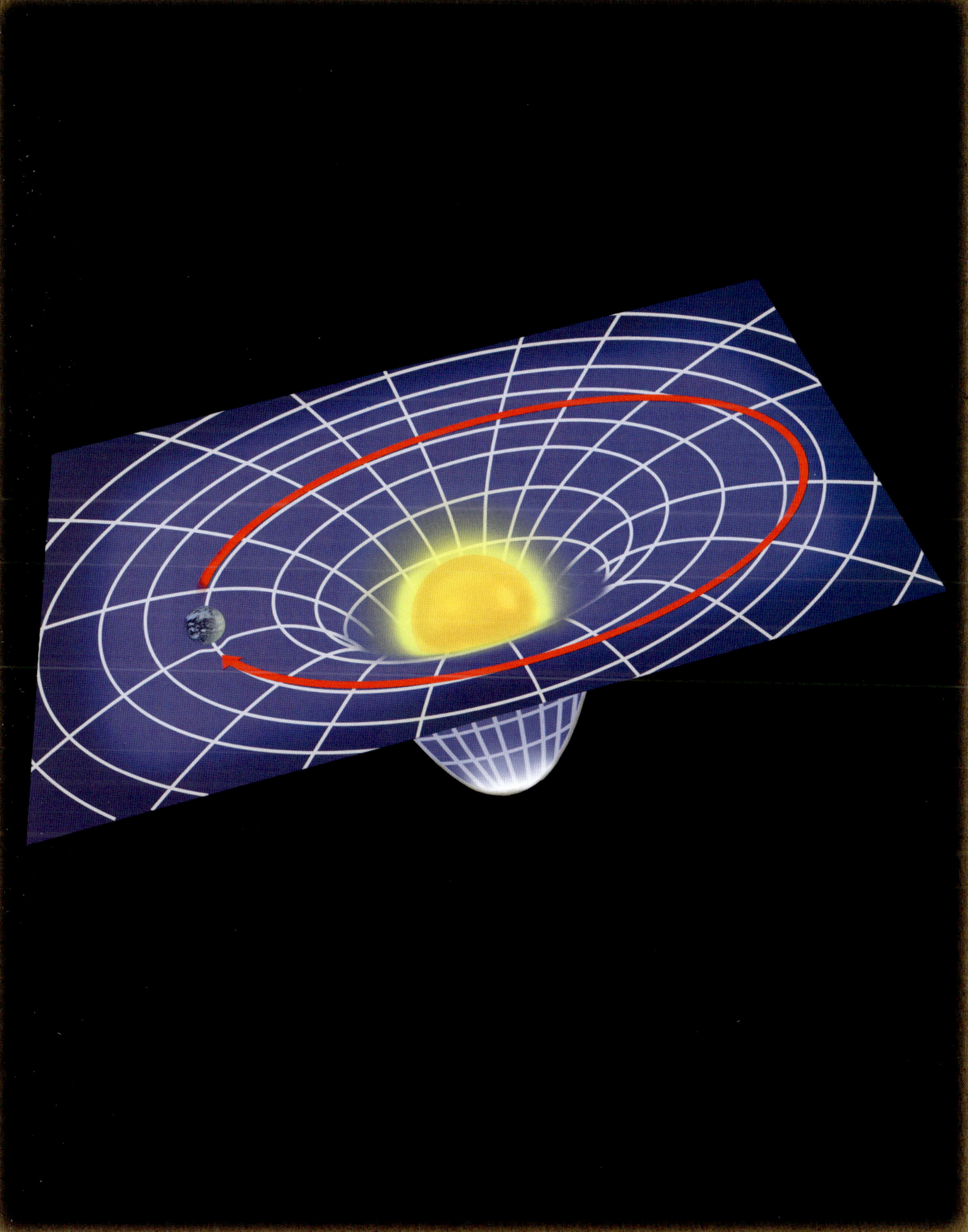

GRAVITATIONS-LINSEN

in 30 Sekunden

Vergrößerungslinsen auf der Erde sammeln das einfallende Licht und brechen es auf dem Weg zwischen Luft und Glas. Draußen im Vakuum reist das Licht auf geraden Pfaden durch den Weltraum und weicht niemals von seiner Flugbahn ab. Was aber geschieht, wenn Licht ein sehr massereiches Objekt passiert? Die starke Schwerkraft, verursacht durch die Masse des Objekts, wird – gemäß Einsteins Allgemeiner Relativitätstheorie – den Raum krümmen. Wenn der Raum sich krümmt, erscheint das Licht, das ihn durchläuft, ebenfalls gebogen. Galaxienhaufen, die 1.000.000.000.000.000-mal schwerer sind als unsere Sonne, können wie starke „Gravitationslinsen" wirken, sie vergrößern das Licht der dahinterliegenden Galaxien und verzerren es manchmal zu schönen, schlanken Bögen am Himmel. Einige der Gravitationslinsen sind so perfekt positioniert, dass sie als natürliche (und unbewegliche) Zoomlinse vor einem Teleskop fungieren und es Astronomen erlauben, erstaunlich detaillierte Ansichten auf junge Galaxien zu erhalten, die sich am Rande des beobachtbaren Universums noch in der Entstehungsphase befinden. Neben Galaxienhaufen können auch andere astronomische Objekte als Gravitationslinsen dienen, das können supermassereiche Schwarze Löcher oder winzig kleine Planeten sein.

3-SEKUNDEN-KNALL

Im Universum verstreut gibt es Gravitationslinsen, riesige, astrophysikalische Vergrößerungsgläser, die das Sternenlicht im Hintergrund bündeln oder verzerren, bevor es unser Teleskop erreicht.

3-MINUTEN-ORBIT

Astronomen, die die Helligkeit von Millionen von Sternen überwachen, fanden seltenes Funkeln, das durch den „Mikrolinseneffekt" von Sternen und/oder Planeten unserer Galaxie verursacht wurde. Sterne und Planeten, die durch den Raum treiben, richten sich manchmal mit weit entfernten Sternen aus, fangen ihr Licht ein, bündeln es zur Erde und vergrößern sie kurz und dramatisch. Bisher wurden mehr als ein Dutzend Planeten mithilfe des Mikrolinseneffekts entdeckt.

VERWANDTE THEMEN

Siehe auch
SCHWARZE LÖCHER
Seite 70

DUNKLE MATERIE
Seite 110

SCHWERKRAFT
Seite 124

RELATIVITÄT
Seite 126

3-SEKUNDEN-BIOGRAFIE

FRITZ ZWICKY
1898–1974
Schweizer Astronom

BOHDAN PACZYŃSKI
1940–2007
Polnischer Astronom und führender Forscher für Gravitationslinsen und Mikrolinseneffekt

30-SEKUNDEN-TEXT

Zachory K. Berta

Ein massereicher Galaxienhaufen krümmt das Licht von dahinterliegenden Objekten und erzeugt viele vergrößerte Bilder von ihnen, die wir durch Teleskope beobachten können.

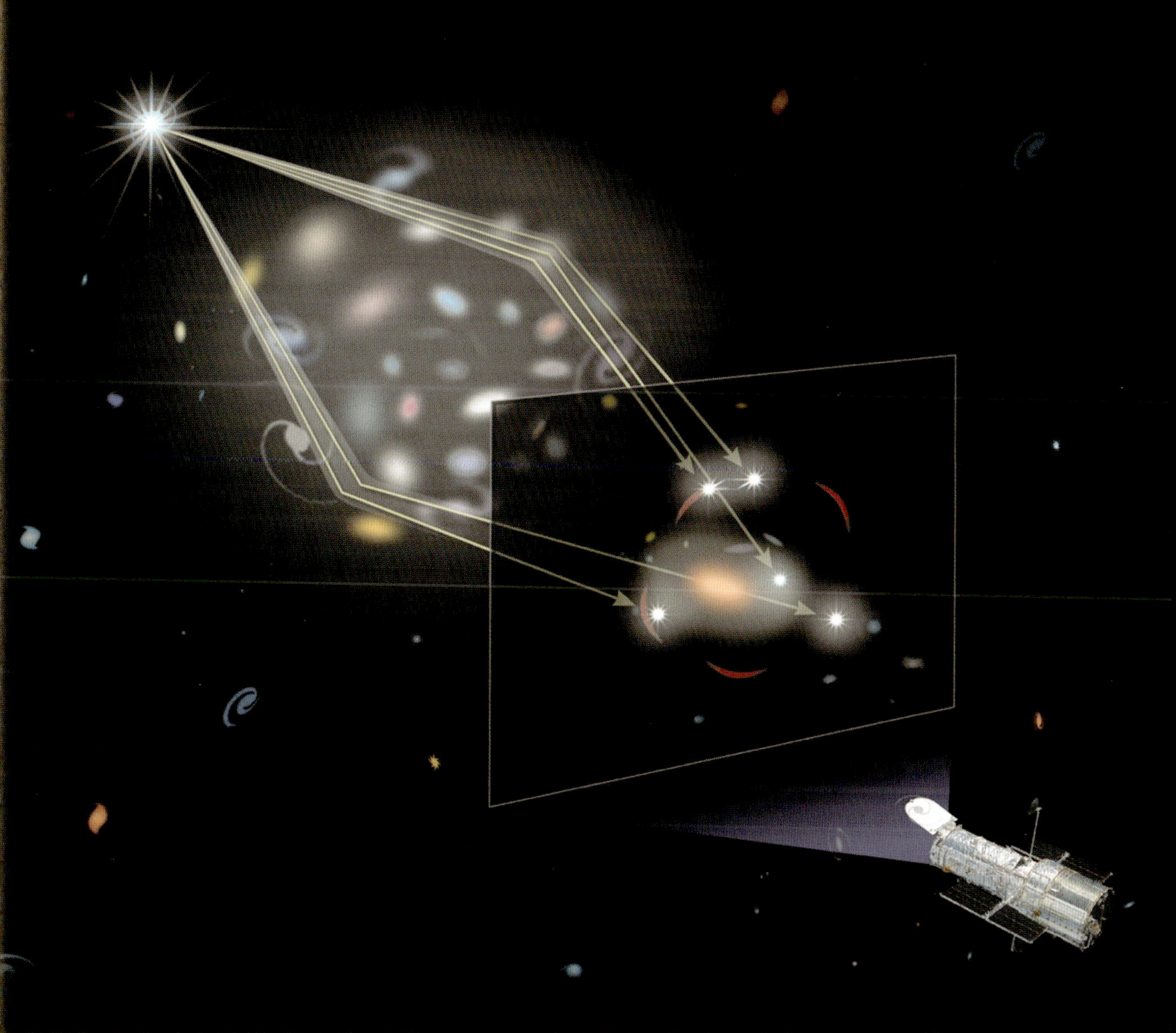

14. Februar 1898
Geboren in Warna, Bulgarien

1904
Wurde auf eine Schule in der Schweiz geschickt. Studierte später in Zürich an der Eidgenössischen Technischen Hochschule Zürich, ETHZ

1925
Emigrierte in die USA, studierte mit Rockefeller-Stipendium am Caltech

1933
Schloss auf die Existenz Dunkler Materie

1934
Prägte den Begriff Supernova. Veröffentlichte (mit Walter Baade) *Kosmische Strahlungen von Supernovae*

1935
Setzte als erster (mit Baade) das Schmidt-Teleskop ein

1937
Bestätigte, dass Galaxienhaufen und Nebel als Gravitationslinsen fungieren können, wie Einstein vermutet hatte

1942
Wurde Professor der Astronomie am Caltech

1943–1961
Wissenschaftlicher Berater/Direktor bei Aerojet Engineering Corporation

1946
Veröffentlichte *On the Possibility of Earth-Launched Meteors*

1949
Erhielt die Friedensmedaille des Präsidenten für seine Arbeit am Raketenantrieb

1961–1968
Erstellte mit Kollegen den sechsbändigen Katalog über Galaxien und Galaxienhaufen. Wurde zum Professor Emeritus am Caltech ernannt (1968)

1969
Veröffentlichte *Entdecken, Erfinden, Forschen im morphologischen Weltbild*

1971
Brachte im Selbstverlag *Catalog of Selected Compact Galaxies* heraus

1972
Erhielt die Goldmedaille der Royal Astronomical Society

8. Februar 1974
Stirbt in Pasadena, beerdigt in Mollis, Schweiz

FRITZ ZWICKY

Am bekanntesten wurde er als „Vater der Dunklen Materie", die er identifizierte und ihr den Namen verlieh – Fritz Zwicky. Geboren in Bulgarien, hatte er einen Schweizer Vater und eine tschechische Mutter. Er studierte an der prestigeträchtigen Eidgenössischen Technischen Hochschule in Zürich und verbrachte sein gesamtes Arbeitsleben in den USA, den größten Teil am California Institute of Technology. Er war Caltechs (und der Welt) erster Astrophysiker, schlicht dadurch, dass er beschloss, sein Physikstudium mit der Astronomie zusammenzuführen. Er war ein Querdenker und ein Vordenker. Viele seiner frühen Ideen und Theorien, über die sich manche Zeitgenossen lustig machten, sind zu festen Größen geworden: die Existenz Dunkler Materie, Neutronensterne, Gravitationslinsen und Supernovä. Andere, die es bisher nicht schafften (nukleare Kobolde, Verschiebung des Sonnensystems, Herstellung künstlicher Meteore) lungern weiterhin im Reich der Science-Fiction.

Zwicky dachte nicht nur über alle Grenzen hinaus, er entwickelte eine eigene Technik – die morphologische Analyse, mit der er ein wissenschaftliches Instrument Goethes weiterentwickelte. Dabei werden Daten, auch scheinbar irrelevante, in einer Matrix gesammelt und alle möglichen Lösungen des Problems erwägt, auch die unwahrscheinlichsten. Nicht belegt ist die Geschichte, dass er einen Assistenten anwies, einen Revolver durch den Schlitz eines Teleskops abzufeuern, um Turbulenzen aufzulösen. Das führte nicht zum Erfolg, ist aber ein treffendes Beispiel für seinen radikalen, unkonventionellen Geist.

Zwickys glänzende wissenschaftliche Reputation wurde durch seinen Umgang mit Kollegen und Studenten überschattet. Zwar war er überzeugter Humanist, mit einzelnen Personen hatte er so seine Probleme. Berühmt ist seine Intoleranz gegenüber Dummköpfen, und er war überzeugt, dass er immer Recht hatte und alle anderen dämlich waren – selbst Robert Oppenheimer. Als er starb, lag er noch immer im Streit mit einigen seiner Studenten wegen des herabwürdigenden Vorworts zum *Catalog of Selected Compact Galaxies* (1971), in dem er sich als heldenhaften einsamen Wolf darstellte und alle anderen als Strohköpfe, datenverdrehende Kriecher und Schleimer.

WURMLÖCHER

in 30 Sekunden

3-SEKUNDEN-KNALL
Ein Wurmloch ist ein hypothetischer Tunnel, der zwei Regionen von Raum und Zeit verbindet – entweder in unserem Universum oder in einem Paralleluniversum.

3-MINUTEN-ORBIT
Es wird davon ausgegangen, dass Wurmlöcher instabil sind, was ihr Potenzial für Reisen durch Raum und Zeit einschränkt. Sie würden so schnell zusammenfallen, dass Materie es nicht hindurchschaffen würde, bevor der Ausgang verschlossen wäre. Einige Wissenschaftler vermuten, dass die Öffnung eines Wurmlochs offenbliebe, wenn sie mit exotischer Materie gefüllt würde, die „Antigravitation" erzeugt, wie es für dunkle Energie im Universum angenommen wird.

Albert Einsteins Allgemeine Relativitätstheorie räumt die Existenz Schwarzer Löcher als Brücken zu anderen Orten im Universum oder anderen Universen ein. Diese Brücke ist röhrenförmig (Wurmloch) und verbindet getrennte Punkte in der Raumzeit. Wenn der Raum, vereinfacht ausgedrückt, ein zweidimensionales Tuch ist, das über sich selbst nach hinten umgeschlagen ist, stellt das Wurmloch einen Tunnel als „Abkürzung" zwischen den Schichten dar. Die Zeit, die es braucht, um ein Wurmloch zu durchqueren, wäre viel kürzer, als an denselben Ort durch den Weltraum zu gelangen. Das heißt, dass ein Wurmloch die Möglichkeit zur Reise in Überlichtgeschwindigkeit bieten könnte. Würde eine Öffnung des Wurmlochs enorm beschleunigt werden und die andere unbewegt, dann würde die unbewegte Öffnung gemäß der Theorie zur Zeitdehnung in Einsteins Spezieller Relativitätstheorie langsamer altern. So könnte man in ein Ende des Wurmlochs kriechen, um am anderen Ende noch vor dieser Zeit herauszukommen – eine Zeitreise. Allerdings sind Wurmlöcher bisher nur theoretische Konzepte und entstehen nicht natürlich aus den Schwarzen Löchern.

VERWANDTE THEMEN
Siehe auch
SCHWARZE LÖCHER
Seite 70

DUNKLE ENERGIE
Seite 112

RELATIVITÄT
Seite 126

3-SEKUNDEN-BIOGRAFIE

ALBERT EINSTEIN
1879–1955
Deutsch-schweizerisch-amerikanischer theoretischer Physiker

NATHAN ROSEN
1909–1995
US-israelischer Physiker

JOHN ARCHIBALD WHEELER
1911–2008
Amerikanischer theoretischer Physiker

30-SEKUNDEN-TEXT
Andy Fabian

Ein Wurmloch kann man sich vorstellen als eine mögliche Verbindung zwischen unterschiedlichen Zeiten und Orten im Universum.

ANDERE WELTEN

ANDERE WELTEN
GLOSSAR

51 Pegasi Stern im Sternbild Pegasus, 50,9 Lichtjahre von der Erde entfernt. Wird umkreist vom Planeten 51 Pegasi b, dem ersten Exoplaneten, der entdeckt wurde.

Astrobiologie Die Entwicklung und das Überprüfen von Hypothesen über außerirdisches Leben. Astrobiologen forschen außerdem über die frühe Entwicklung von Leben auf der Erde. Exobiologie bezieht sich auf das enger gefasste Studium der Wirkung extraterrestrischer Umgebungen auf hypothetische Wesen und die Bedeutung für außerirdisches Leben.

Astrophysik Das Studium der Physik des Universums, einschließlich der Erforschung der physischen Eigenschaften und Wechselwirkungen von Himmelskörpern.

Außerirdisches Leben Jede Lebensform, die nicht von der Erde stammt, bezieht sich auch auf hypothetische Lebensformen, von Organismen mit wenigen Zellen bis zum üblicherweise gemeinten „Alien".

Curiosity NASA-Fahrzeug, das am 6. August 2012 auf dem Mars landete, gehört zur Mars Science Laboratory-Mission, die am 26. November 2011 startete.

Exoplaneten Planeten außerhalb des Sonnensystems.

Gashülle Gaswolke, zusammengehalten durch Gravitation. Eine Gashülle mit mehreren Gasen bildet einen Nebel. Die Erdatmosphäre wird manchmal Gashülle genannt.

Geophysik Studium der Physik der Erde und ihrer Atmosphäre.

GJ 1214 b Exoplanet, der den Stern GJ 1214 umläuft, etwa 40 Lichtjahre von der Sonne entfernt im Sternbild Schlangenträger. GF 1214 b wurde 2009 entdeckt und ist ein Beispiel für eine Supererde: Durchmesser und Masse sind größer als die der Erde, aber geringer als bei den Gasriesen unseres Sonnensystems. Planet GJ 1214 b gilt als möglicher Ozeanplanet (mit einer vollständig von Wasser bedeckten Oberfläche). Beobachtungen mithilfe des Hubble-Teleskops deuten darauf hin, dass Wasser einen Großteil seiner Masse ausmacht.

HD 209458 b Exoplanet, umläuft den Stern HD 209458, etwa 150 Lichtjahre von der Sonne entfernt im Sternbild Pegasus. Der erste Exoplanet, dessen Transit vor seinem Stern beobachtet und dessen Atmosphäre untersucht wurde. Seine Bahn ist seinem Stern so nah, dass sein Jahr nur 3,5 Erdentage dauert, seine Oberflächentemperatur wird auf 1000 °C geschätzt.

Kepler 10 b Exoplanet, umläuft den Stern Kepler 10, 564 Lichtjahre von der Sonne entfernt im Sternbild Drache. Die Kepler-Mission der NASA hatte Kepler 10 als Ziel. Dabei wurde ein Planetensystem aus mindestens zwei Planeten, Kepler 10 b und Kepler 10 c, entdeckt.

Kepler-Mission Forschungsmission der NASA, ein Weltraumsatellit, der Supererden-Exoplaneten in der habitablen Zone (Gebiet eines Planeten mit ausreichend atmosphärischem Druck, dass flüssiges Wasser an der Oberfläche ist und daher Leben möglich wäre) ihrer Sterne suchen sollte.

Kohlenstoff Element, das in allen bekannten Lebensformen enthalten ist. Im Universum kommt es nach Wasserstoff, Helium und Sauerstoff am vierthäufigsten vor. Er entsteht durch das Verbrennen von Helium in Kernfusionsreaktionen im Inneren von Sternen.

makroskopisch Gegenteil von mikroskopisch. Ein makroskopisches Objekt ist mit dem bloßen Auge zu sehen, ein mikroskopisches nur mithilfe eines Mikroskops.

Ozeanplanet Hypothetischer Planet, dessen Oberfläche aus Wasser besteht. Astronomen halten es für möglich, dass einige Planeten während ihrer Entstehung auf ihren Stern zuwandern und dies dazu führt, dass aus einem Eisplaneten ein Ozeanplanet werden könnte, wenn das Eis schmilzt.

Pertubation Bewegung eines Planeten oder großen Körpers aufgrund von Kräften, die nicht die Anziehungskraft einer einzelnen anderen Quelle ist. Perturbation kann ein Effekt von Planeten oder natürlichen Satelliten oder einer Atmosphäre sein – jede andere Quelle als die, die die normale Bewegung des Körpers steuert. Astronomen können Exoplaneten finden, wenn sie Störungen (Pertubationen) in der Bahn eines Sterns entdecken. Die normale Umlaufbahn um das Zentrum einer Galaxie wird durch die Gravitationswirkung des Planeten gestört. Obwohl der Exoplanet zu weit weg ist, um ihn sehen zu können, leiten Astronomen seine Existenz von der Pertubation des Sterns ab.

protoplanetare Scheibe Drehscheibe aus Gas, die einen neuen Stern umgibt.

Supererden Exoplaneten mit einer Masse zwischen der der Erde (Masse: $5{,}9722 \times 10^{24}$ kg) und Neptun ($102{,}4 \times 10^{24}$ kg). Neptuns Masse ist 17,5-mal größer als die der Erde.

Transit Das Vorüberziehen eines Planeten vor seinem Stern. Dabei können mithilfe des Hubble-Teleskops Werte über die Atmosphäre des Planeten abgelesen werden.

Viking Forschungsmission der NASA zum Mars. Die zwei Raumsonden *Viking 1* und *Viking 2* starteten im August und September 1975 und landeten im Juli und September 1976 auf dem Mars.

AUßERIRDISCHE

in 30 Sekunden

Je mehr die Menschheit in den vielen Jahrhunderten, seit die antiken Astronomen die Erde ins Zentrum des Universums gerückt hatten, über den Weltraum lernte, umso mehr haben wir verstanden, dass unser Sonnensystem nichts Ungewöhnliches ist. Der letzte Meilenstein in dieser Kette von Entdeckungen ist die Identifikation von Exoplaneten, verbunden mit der Erkenntnis, dass es auffallend viele erdähnliche Planeten gibt. Daher könnte Leben, wie wir es als Zusammensetzung von Atomen und Molekülen kennen, etwas ganz Normales im Universum sein. Allerdings haben wir noch keinen Beweis gefunden, dass irgendwo anders Leben existiert, weder innerhalb noch außerhalb unseres Sonnensystems, oder dass andere Lebensformen die Erde bisher besucht hätten. Das spricht dafür, dass hochentwickelte, außerirdische Zivilisationen mit einem Bedürfnis zur Kommunikation selten sind, was paradox anmutet, wenn wir die vermutlich extrem große Anzahl anderer Erden bedenken und die Tatsache, dass technologische Evolution exponentiell scheint. Eine mögliche Erklärung dazu ist, dass entwickelte Zivilisationen eine kurze Lebensdauer besitzen, eine Hypothese mit einem starken Echo in Zeiten, in denen die menschliche Bevölkerung der Erde erkennt, wie alarmierend schnell sie ihre eigene Lebensumgebung verändert.

3-SEKUNDEN-KNALL

Ob außerirdisches Leben existiert, ist eine entscheidende Frage der Menschheit, die trotz neuer Hinweise, dass Leben nicht ungewöhnlich im Universum ist, unbeantwortet ist.

3-MINUTEN-ORBIT

Wie außerirdisches Leben aussehen könnte, ist schwer vorauszusagen. Leben ist gemeinhin ein System, dass sich selbst organisiert, sich vermehrt, auf seine Umwelt reagiert und sich über Generationen weiterentwickelt. Die einfachste Art, es nachzuweisen, basiert auf der Chemie von Kohlenstoffatomen in flüssigem Wasser, aber diese Idee ist natürlich von dem Leben inspiriert, das wir kennen.

VERWANDTE THEMEN

Siehe auch
ERDE
Seite 18

EXOPLANETEN
Seite 142

AUF ZUR NÄCHSTEN ERDE!
Seite 148

3-SEKUNDEN-BIOGRAFIE

ENRICO FERMI
1901–1954
In Italien geborener amerikanischer Physiker

FRANK DRAKE
1930–2022
US-Astronom und Astrophysiker

JILL TARTER
1944–
Amerikanische Astronomin und Astrobiologin

30-SEKUNDEN-TEXT

François Fressin

Das irdische Leben basiert auf dem DNS-Molekül. Würde sich außerirdisches Leben ebenfalls aus makromolekularer Replikation entwickeln?

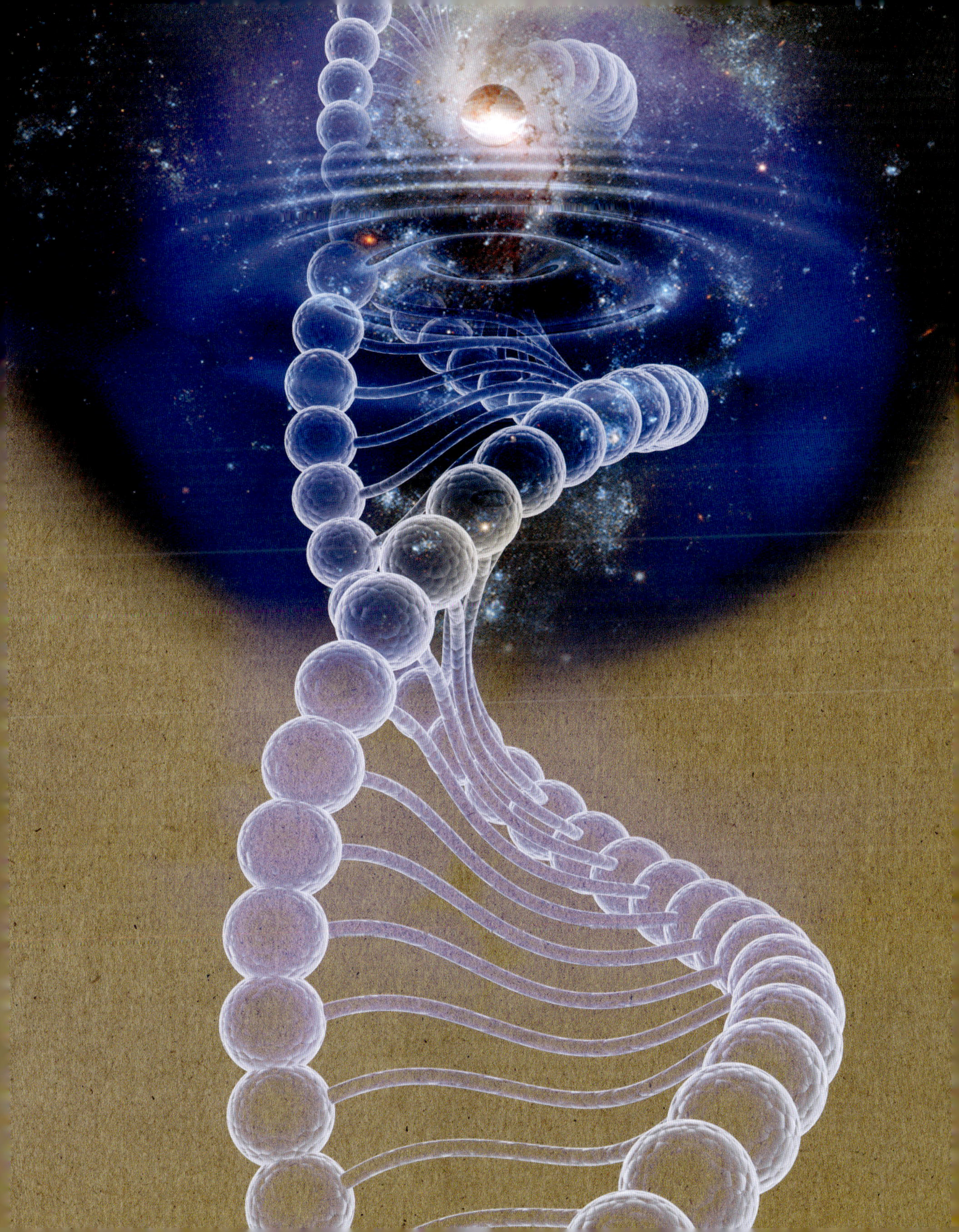

9. November 1934
Geboren in Brooklyn, New York

1954
Schloss das Studium an der Universität Chicago mit dem Bachelor of Arts ab

1955
Machte den Bachelor of Science in Physik an der Universität Chicago (Master folgte 1956)

1960
Erhielt den Doktortitel für Astronomie und Astrophysik an der Universität Chicago

1960–1962
Als Miller-Stipendiat an der Universität Kalifornien

1962
Die Raumsonde *Mariner 2* der NASA bestätigte seine Hypothese, dass die Oberfläche der Venus sehr trocken und heiß ist

1962–1968
Arbeitete am Smithsonian Observatorium in Cambridge, USA und lehrte in Harvard

1971
Arbeitete an der Cornell Universität, Ithaca, New York

1972
Erhielt den Lehrstuhl an der Cornell als Direktor der Planetologie und (bis 1981) Stellvertretender Direktor des Zentrums für Strahlenphysik und Weltraumforschung

1972
Die Raumsonde *Pioneer 10* der NASA startete mit Sagans Plaketten zur Kommunikation

1977
Erhielt von der NASA eine Auszeichnung für besondere Verdienste

1978
Gewann den Pulitzer Preis für sein Sachbuch *Die Drachen von Eden. Das Wunder der menschlichen Intelligenz* (1977)

1979
Schrieb *Broca's Brain: Reflections on the Romance of Science*

1980
Mitautor und Erzähler der preisgekrönten TV-Serie *Unser Kosmos*

1982
Organisierte eine Petition im Magazin *Science* zugunsten der Einrichtung des SETI Instituts (Search for Extraterrestrial Intelligence)

1984
Das SETI Institut wurde gegründet. Wurde Mitglied des Stiftungsrats

1985
Schrieb *Contact*, das 1997 verfilmt wurde

1990
Erhielt die Oersted-Medaille

1994
Bekam die Public Welfare Medal der National Academy of Sciences

1995
Schrieb *Blauer Punkt im All: Unsere Zukunft im Kosmos*

1996
Schrieb *The Demon Haunted World: Science as a Candle in the Dark*

20. Dezember 1996
Starb in Seattle

1997
Gott und der tropfende Wasserhahn: Gedanken über Mensch und Kosmos wurde posthum veröffentlicht

CARL SAGAN

Astronom, Astrophysiker, Kosmologe und erfolgreicher Autor – Carl Sagan war ein unverhohlener Verfechter dessen, was er am meisten liebte, und genoss ein hohes öffentliches Ansehen (zum Ärger und sogar Leidwesen einiger seiner Kollegen). In seinen Memoiren erzählt er, dass die Sterne ihn bereits im Alter von fünf Jahren in ihren Bann gezogen hatten. Er verband seine Ehrfurcht vor dem Kosmos mit einer nie nachlassenden Hingabe an das wissenschaftliche Vorgehen: Den Geist offenhalten, aber immer prüfen, was darin vorgeht. Er erdachte einen mentalen Werkzeugsatz zur „Quatscherkennung", um denjenigen mit einer lebhaften Fantasie zu helfen, wissenschaftlichen Unsinn zu entlarven und Scharlatane auszuhebeln und drängte darauf, es jederzeit anzuwenden.

Sagan nutzte die Massenmedien, er produzierte in den 1980ern eine international erfolgreiche Fernsehserie, die den Kosmos, wie wir ihn kannten, erklärte, er schrieb und arbeitete an mehr als 20 Büchern, die sich an eine nichtwissenschaftliche Leserschaft richteten. Gleichzeitig betrieb er eine „knallharte wissenschaftliche" und erfolgreiche Karriere, hauptsächlich an der Cornell Universität in New York. Vielleicht trug zu seinem Glück bei, dass seine Karriere zeitgleich mit dem NASA-Weltraumprogramm startete. Er war durchgehend als Berater tätig, beginnend in den 1950ern als Doktorand, er unterwies die Apollo-Astronauten und erfand Experimente für Raumfahrzeuge. Als Astronom theoretisierte er (und wurde zu großen Teilen bestätigt) über die Oberflächentemperatur von Jupiter und Venus, den Jahreszeitenwechsel auf dem Mars und die Wahrscheinlichkeit, dass es Wasser auf Titan (einem Saturnmond) und Europa (einem Jupitermond) gibt. Außerdem war er einer der ersten, die auf die Gefahren des Klimawandels aufmerksam machten und (während des Kalten Kriegs) auf die katastrophalen Auswirkungen eines nuklearen Winters, sollte der Krieg jemals heiß werden.

Vermutlich am bekanntesten ist Sagans bahnbrechende Arbeit in der Exobiologie (dem Studium nicht-irdischer biologischer Bedingungen) und seine Suche nach außerirdischem Leben. Er befürwortete den Einsatz von Radioteleskopen für die Suche nach Lebenszeichen und entwarf Plaketten, die an den Sonden *Pioneer* und *Voyager* angebracht wurden zur Dekodierung durch intelligente Lebensformen. Seinen Grundsätzen gemäß wandte er strenge Test auf alle UFO-Sichtungen oder nicht-überprüfbaren Entführungen durch Außerirdische an und schlussfolgerte zum Ende seines Lebens, dass es unwahrscheinlich sei, dass jemals eine außerirdische Intelligenz die Erde besucht hat: Aber das sollte nicht heißen, dass es sie nicht da draußen gäbe. Irgendwo.

EXOPLANETEN

in 30 Sekunden

3-SEKUNDEN-KNALL
Exoplaneten, oder extrasolare Planeten, liegen außerhalb des Sonnensystems. Ihre Entdeckung befeuerte die Suche nach anderen Lebensformen im Universum.

3-MINUTEN-ORBIT
Die Suche nach anderen Erden ist herausfordernd. Unsere Erde ist für unsere eigenen Sonden an den Ausläufern des Sonnensystems praktisch schon unsichtbar. Astronomen können Exoplaneten aufspüren anhand der Auswirkung ihrer Gravitation auf die Bewegung des Sterns, den sie umlaufen, oder wenn kurzzeitig etwas Licht aufflackert, weil ein Planet einen kleinen Teil des Sterns verdeckt.

Über die Existenz von Welten, die andere Sterne als die Sonne umkreisen, wird seit Jahrhunderten gegrübelt, bis zum Ende des 20. Jahrhunderts waren der Menschheit aber keine solcher Welten bekannt. 1995 entdeckten der Schweizer Astrophysiker Michel Mayor und sein Student Didier Queloz die Gravitationsstörung eines Objekts, das so massereich wie der Jupiter war und den Stern 51 Pegasi umlief. Seither wurden Tausende von Exoplaneten identifiziert. Die Vielfalt der gefundenen Planeten scheint nur durch die technischen Möglichkeiten der Teleskope begrenzt zu sein. Einige der Planeten wurden in der Umlaufbahn von Doppelsternen entdeckt, andere sind nicht an einen Stern gebunden und schweben frei im Weltraum. Es gibt verbrannte Welten mit geschmolzenen Oberflächen, Riesenplaneten mit enorm großen, gefrorenen Kernen, viele Dutzend Mal massereicher als die Erde, Planeten, die schwärzer als schwarze Farbe sind und Wasserwelten, die wahrscheinlich komplett von Wasser bedeckt sind. Die Suche nach einer wahren Entsprechung der Erde hat ein völlig neues Forschungsgebiet hervorgebracht. Es kombiniert Astrophysik, Geophysik und Biologie und untersucht die Bewohnbarkeit von Exoplaneten.

VERWANDTE THEMEN
Siehe auch
SUPERERDEN & OZEAN-PLANETEN
Seite 146

AUF ZUR NÄCHSTEN ERDE!
Seite 148

3-SEKUNDEN-BIOGRAFIE
GIORDANO BRUNO
1548–1600
Italienischer Astronom, von der Inquisition auf dem Scheiterhaufen verbrannt, weil er behauptete, es könnte noch mehr bewohnte Welten im Universum geben

MICHEL MAYOR
& DIDIER QUELOZ
1942– & 1966–
Schweizer Astrophysiker und Pioniere der Suche nach Exoplaneten

30-SEKUNDEN-TEXT
François Fressin

51 Pegasi war der erste Stern, von dem man wusste, dass er einen Exoplaneten beheimatete, der größer als Jupiter ist, ihn aber in nur vier Tagen umlief.

HOT JUPITER

in 30 Sekunden

3-SEKUNDEN-KNALL
Groß wie der größte Planet der Sonne und heißer als ihr heißester gehören diese höllischen Welten zu den ersten Exoplaneten, die entdeckt wurden.

3-MINUTEN-ORBIT
Der Transit gibt Astronomen Hinweise auf Größe und Atmosphäre eines Exoplaneten. Eine winzige Menge Sternenlicht filtert durch die Atmosphäre des Planeten, bevor es die Erde erreicht. Die molekulare Zusammenstellung und Struktur der Atmosphäre hinterlässt einen spektroskopischen Fingerabdruck auf dem Sternenlicht, den Astronomen durch Teleskope ansehen und etwas über die Atmosphäre des Planeten erfahren, der zu weit weg ist, als dass wir ihn besuchen könnten.

Stellen Sie sich vor, Sie würden sich Jupiter schnappen und ihn an Merkur vorbei in die inneren Regionen des Sonnensystems ziehen, bis er sich nur wenige Sonnenradien über der Sonne befände. So nah an der Sonne würde der Riese alle paar Tage seine winzige Umlaufbahn umrasen. Starke Gravitationskräfte würden den Planeten drücken und ziehen, bis er synchron mit seinem Orbit rotieren würde, die eine Seite immer im Licht, die andere im Dunklen. Der starke Energiefluss des Sterns würde seine Atmosphäre auf 1000 °C (so heiß wie Feuer) aufheizen und starke Winde auslösen, die diese Energie auf die permanent im Dunklen liegende Seite verteilen. Solch ein Planet existiert in unserem Sonnensystem nicht und wurde lange Zeit nicht für möglich gehalten, bis einige in der Nachbarschaft anderer Sterne entdeckt wurden. Bei dem wohlklingend HD 2009458 b genannten Exoplaneten, einem Hot Jupiter, wurde zum ersten Mal ein „Transit" beobachtet, das Vorbeiziehen vor dem Wirtsstern. Transits waren nicht nur die Bestätigung der Existenz von Exoplaneten, mit ihrer Hilfe konnte die Größe von Exoplaneten bestimmt werden, wenn gemessen wurde, wie viel Licht währenddessen geblockt wurde.

VERWANDTE THEMEN
Siehe auch
MERKUR
Seite 14

JUPITER
Seite 24

DOPPELSTERNE
Seite 56

3-SEKUNDEN-BIOGRAFIE
TIMOTHY BROWN
1950–
Amerikanischer Astronom, entdeckte mit David Charbonneau als erster einen Transit und maß die Atmosphäre eines Hot Jupiter, HD 209458 b

DAVID CHARBONNEAU
1974–
Kanadisch-amerikanischer Astronom

30-SEKUNDEN-TEXT
Zachory K. Berta

Das Beispiel eines Hot Jupiters ist im Verhältnis (Größe und Distanz) zu seinem Mutterstern dargestellt.

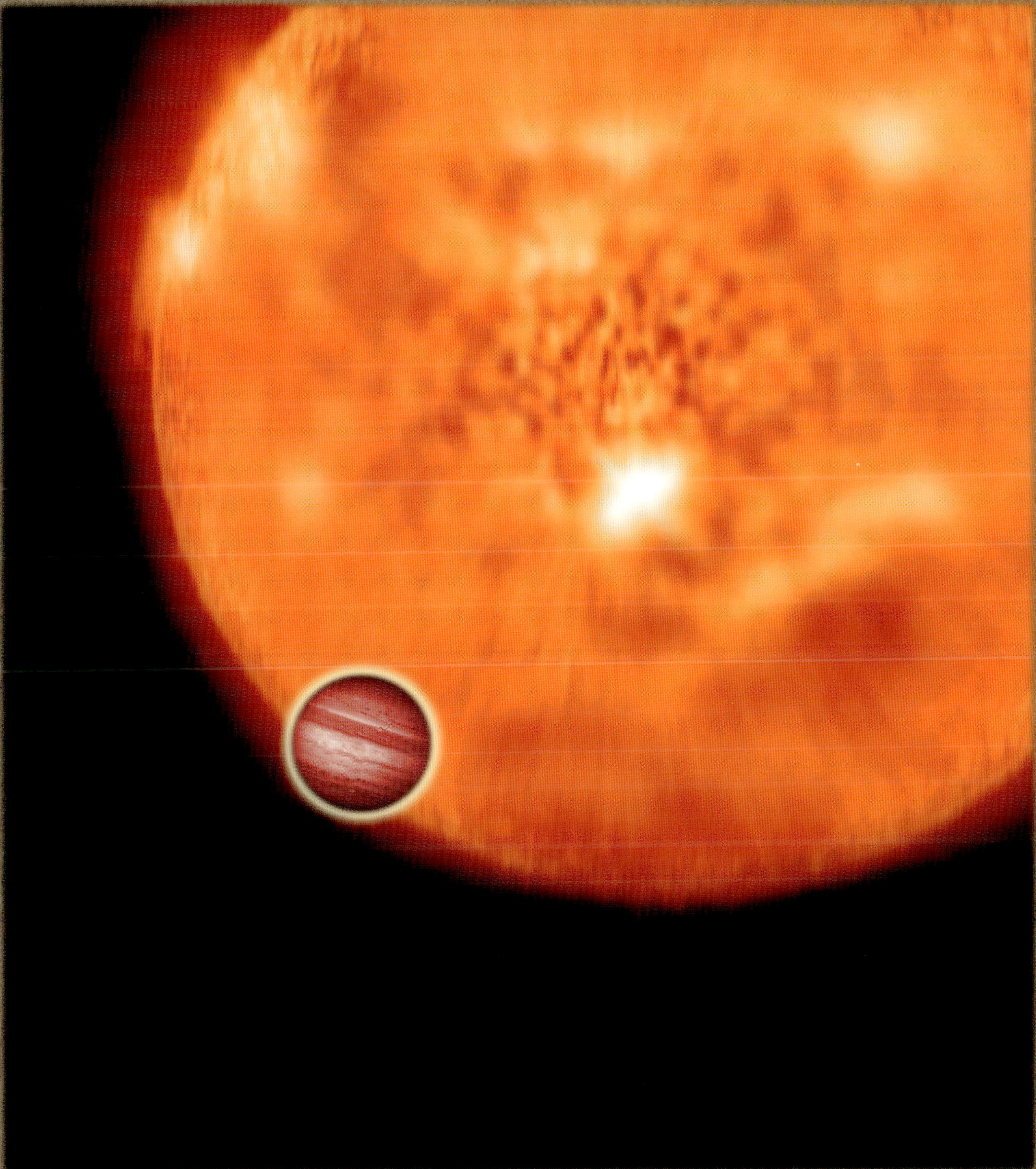

SUPERERDEN & OZEANPLANETEN

in 30 Sekunden

3-SEKUNDEN-KNALL
Exoplaneten, die etwas größer als die Erde sind, könnten auf vielerlei Arten zusammengesetzt sein. Astronomen wollen schnell die Geheimnisse dieser neuen Welten der Möglichkeiten lüften.

3-MINUTEN-ORBIT
Wächst eine Supererde in ihrer Jugend zu schnell, löst sie einen Prozess aus, der Runaway-Akkretion heißt und bei dem große Gasschwaden von der protoplanetaren Scheibe aufgenommen werden. Der Planet wird zum Gasriesen. Leben würde sich nur schwer auf einem solchen Planeten mit dicker Gashülle entwickeln. Bis zu welcher Größe ein Planet für biologisches Leben bewohnbar sein kann, wird in der Exoplaneten-Forschung untersucht.

Von den Planeten, die die Sonne umlaufen, ist keiner dabei mit einer Größe zwischen der Erde und dem Eisriesen Neptun. Weil aber Astronomen anhand des geblockten Sternenlichts die Größe von Planeten bestimmen können, die andere Sterne umkreisen, wissen wir, dass unsere Galaxie mit Planeten dieser Größenordnung übersät ist. Zwar werden sie wegen ihrer Größe „Supererden" genannt, dennoch ähneln viele der Erde vermutlich überhaupt nicht. Ein solcher Exoplanet ist Kepler 10 b, der so viel kompakter als die Erde ist, dass er völlig aus geschmolzenem Gestein und Eisen bestehen muss. Im Gegensatz dazu ist der Exoplanet GJ 1214 b weniger kompakt als die Erde und könnte größtenteils aus heißem Wasserdampf, vermischt mit anderen Gasen, bestehen – eine Wasserwelt oder ein Ozeanplanet. Kepler 10 b und GH 1214 b sind ihren Wirtssternen nah und sehr heiß, aber Supererden in kühleren Umlaufbahnen könnten Wasserstoffatmosphären und Steinkrusten oder bewegliche Kontinente wie die Erde haben, vielleicht sogar alles bedeckende Ozeane, die Hunderte von Kilometern tief sind. Da immer weitere Supererden bezüglich Masse, Größe und Atmosphäre untersucht werden, werden wir mehr über die Prozesse erfahren, die die Entstehung und Evolution dieser Exoplaneten steuern.

VERWANDTE THEMEN
Siehe auch
ERDE
Seite 18

URANUS & NEPTUN
Seite 30

EXOPLANETEN
Seite 142

HOT JUPITER
Seite 144

AUF ZUR NÄCHSTEN ERDE!
Seite 148

3-SEKUNDEN-BIOGRAFIE
SARA SEAGER
1971–
Kanadisch-amerikanische Astrophysikerin und führende Forscherin über Supererde-Planeten.

30-SEKUNDEN-TEXT
Zachory K. Berta

Alles, was wir bisher über die kürzlich entdeckten Supererden kennen, ist ihre Größe – größer als die Erde, aber viel kleiner als Planeten wie Neptun oder Jupiter.

AUF ZUR NÄCHSTEN ERDE!

in 30 Sekunden

Dank technologischer Fortschritte haben Astronomen die ersten Planeten in Erdengröße, die andere Sterne umlaufen, entdeckt, aber noch wissen wir nicht, wie viele es gibt oder wo Leben möglich wäre. Mit zwei Methoden wird nach diesen leuchtschwachen und sehr weit entfernten Objekten gesucht – die nichts anderes sind als winzige Gesteinsbrocken, die sich um Feuerbälle bewegen, die um das Millionenfache massereicher sind als sie und als Lichtfleckchen in Teleskopaufnahmen erkennbar sind. Die dynamische Technik erkennt die Bewegung des Planeten um den Stern, indem sie nach der Reflexbewegung des Sterns sucht, der von dem Planeten angezogen wird, oder nach einer Verdunklung, wenn der Planet einen kleinen Teil des Sterns auf seiner Umlaufbahn verdeckt. Bei der direkt abbildenden Methode muss das Licht, das der Stern abstrahlt, blockiert werden, damit seine Umgebung zu sehen ist, die in der Helligkeit herum nicht erkennbar ist. Wenn die Teleskope das Licht gefunden und ausreichend gebündelt haben, können die Eigenschaften der Atmosphäre nach Ähnlichkeiten mit der Erdatmosphäre untersucht werden. Wir rechnen damit, dass wir später im 21. Jahrhundert diese Planeten abgebildet und diese Welten kartografiert haben werden – und nach Jahreszeitenwechsel und konkreten Zeichen für Leben suchen.

3-SEKUNDEN-KNALL
Astronomen steht heute die Technik zur Verfügung, um Planeten von der Größe unserer Erde zu finden, und herauszufinden, wie ähnlich sie der Erde sind.

3-MINUTEN-ORBIT
Das Alpha Centauri-System ist der Sonne am nächsten. Vielleicht haben wir schon bald den Beweis, dass es darin eine weitere Erde gibt. Der nächste Schritt könnte sein, eine Sonde zu senden, die hochauflösende Bilder aufnimmt. So ein enormes Projekt würde vermutlich mehrere Generationen internationaler Wissenschaftler beschäftigt haben, bevor die Sonde Alpha Centauri erreicht. Die Ausführung und Auswertung wäre eine verbindende Erfahrung.

VERWANDTE THEMEN
Siehe auch
ERDE
Seite 18

DAS LICHTSPEKTRUM
Seite 122

EXOPLANETEN
Seite 142

LEBENSZEICHEN AUS DEM ALL
Seite 150

3-SEKUNDEN-BIOGRAFIE
BERNARD LYOT
1897–1952
Französischer Astronom

GEOFFREY MARCY
1954–
Amerikanischer Astronom, Pionier der Entdeckung von Exoplaneten

30-SEKUNDEN-TEXT
François Fressin

Alpha Centauri A, der hellste Stern im Sternbild Zentaur, ist vom selben Typ wie unsere Sonne, daher wird spekuliert, ob es dort bewohnbare Planeten gibt.

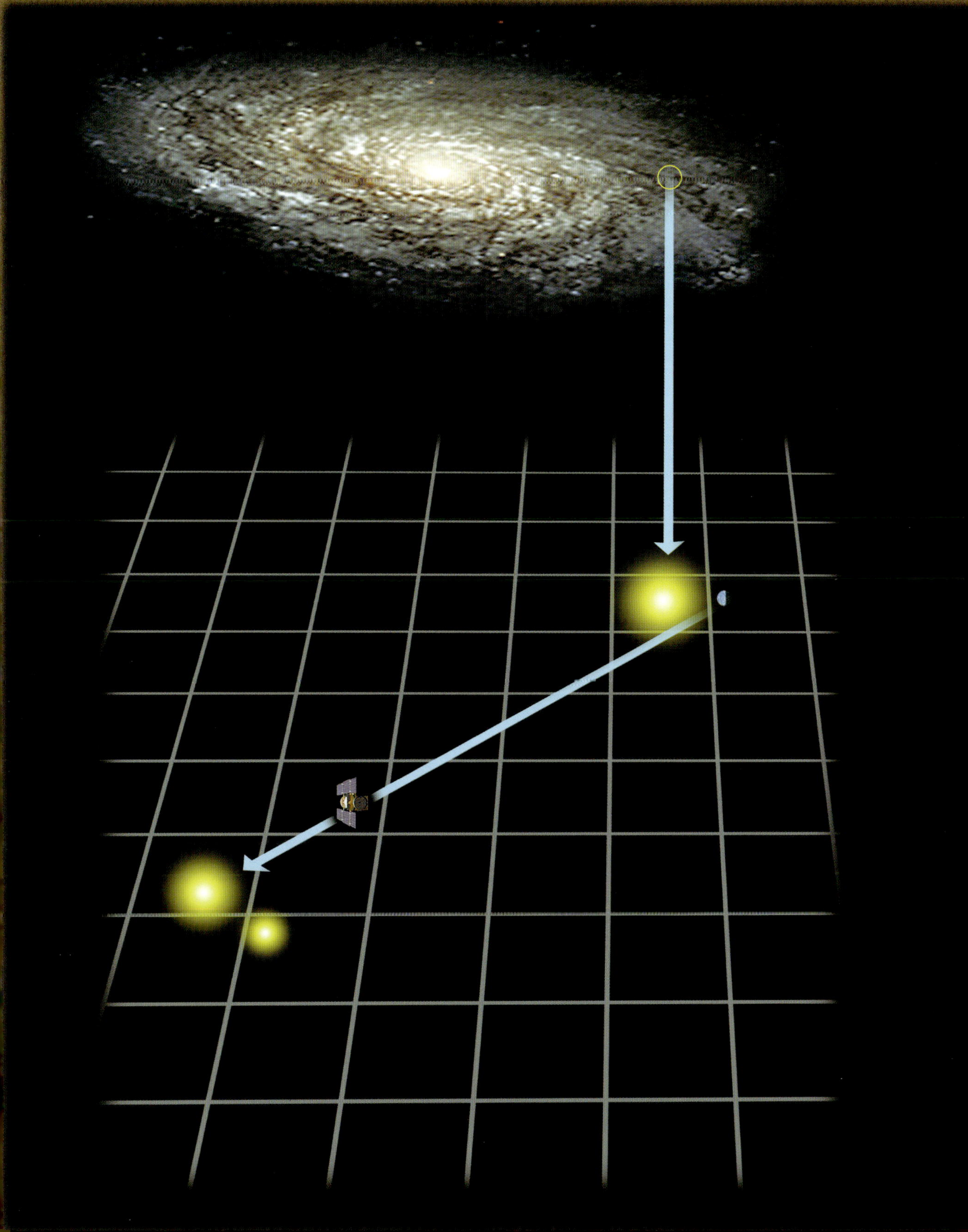

LEBENSZEICHEN AUS DEM ALL

in 30 Sekunden

3-SEKUNDEN-KNALL
Die Astrobiologie untersucht, ob Leben außerhalb der Erde existiert und unter welchen Bedingungen, aber auch, wie wir mögliches Leben entdecken können.

3-MINUTEN-ORBIT
Die Suche nach außerirdischer Intelligenz zielt direkt darauf ab, eine hochentwickelte Zivilisation zu finden oder sie uns finden zu lassen. Am wichtigsten ist dabei der Einsatz großer Radioteleskope, um Hinweise auf die Telekommunikation anderer Zivilisationen zu entdecken, was bisher ohne Erfolg blieb. Eine andere Frage ist, wie wir lesbare Fingerabdrücke hinterlassen und welche „Sprache" fremden Zivilisationen verständlich wäre.

Der Beginn der Suche nach Leben auf anderen Planeten kann auf das ausgehende 19. Jahrhundert datiert werden, als Beobachter glaubten, sie hätten gerade „Kanäle" auf dem Mars entdeckt, was sich später als optische Täuschung herausstellte, verursacht durch die verwendeten Instrumente. In den 1970ern brachte die Sonde *Viking* biologische Experimente auf die Marsoberfläche, aber es ließ sich nicht auf die Existenz von Leben schließen. Trotz vieler angeblicher Sichtungen unidentifizierter fliegender Objekte (UFOs) auf der Erde ist das einzige Bild einer „fliegenden Untertasse" das der Kapsel, die den NASA-Rover *Curiosity* 2011–2012 zum Mars brachte mit dem Ziel, die Bewohnbarkeit des Planeten zu untersuchen und ob jemals Leben dort existiert hat. Zudem prüfen Astronomen, ob auf anderen Planeten des Sonnensystems Leben möglich ist, etwa auf dem Jupitermond Europa. Die beste Chance darauf, makroskopisches Leben zu entdecken, ist die Untersuchung „anderer Erden", die sich um entfernte Sterne drehen. In der Zusammensetzung deren Atmosphäre suchen Astronomen nach Molekülen, die vermutlich von lebenden Organen produziert wurden (wie Sauerstoff und Methan auf der Erde).

VERWANDTE THEMEN
Siehe auch
ERDE
Seite 18

AUßERIRDISCHE
Seite 138

AUF ZUR NÄCHSTEN ERDE!
Seite 148

3-SEKUNDEN-BIOGRAFIE
CARL SAGAN
1934–1996
Amerikanischer Astronom, Astrophysiker und Autor

30-SEKUNDEN-TEXT
François Fressin

Der Jupiter-Satellit Europa zeigt Risse in seiner Oberfläche aus Eis, ein Hinweis auf einen Ozean darunter, in dem Leben entstanden sein könnte.

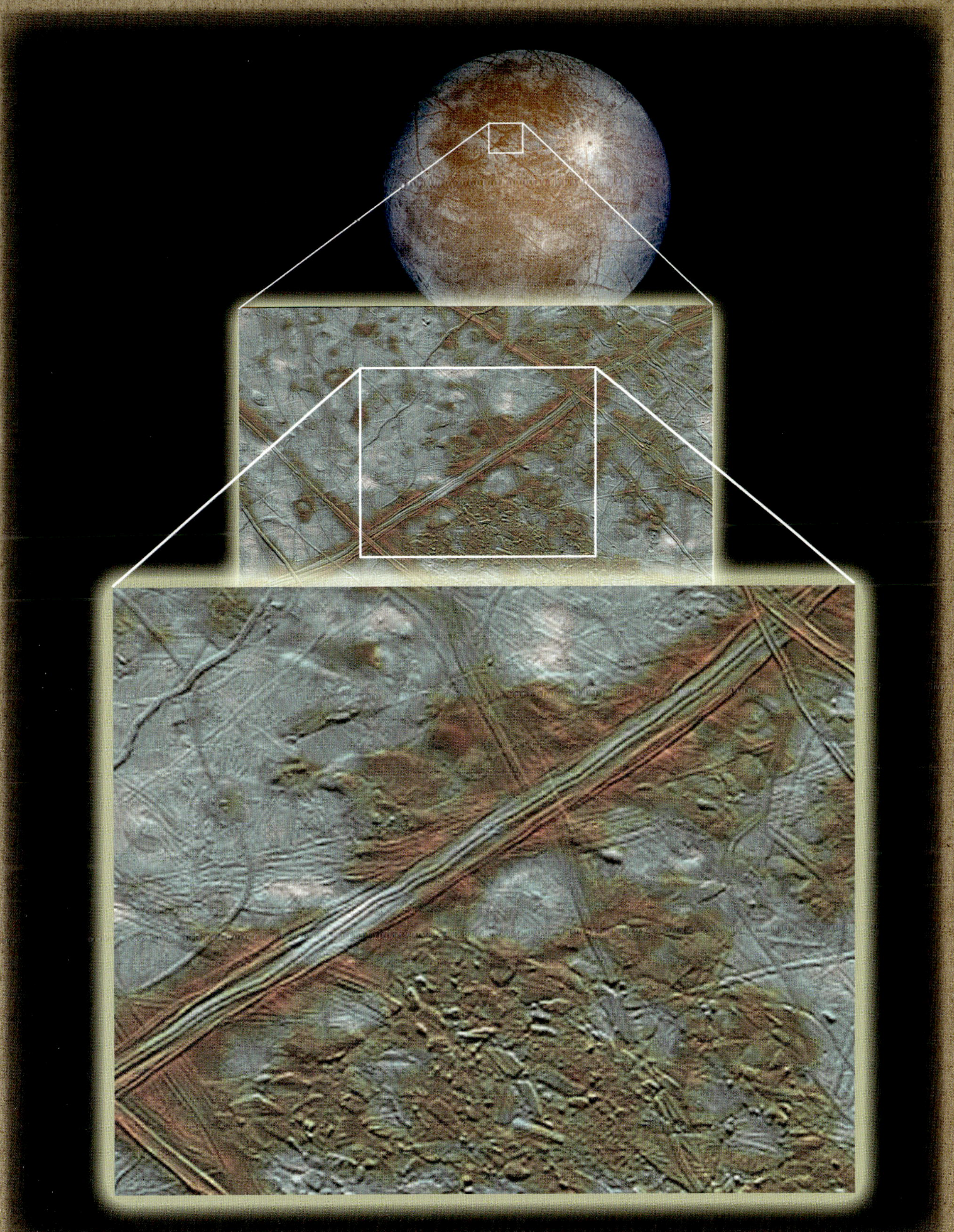

ANHANG

QUELLEN

BÜCHER

Universum: Die große Bild-Enzyklopädie,
Martin Rees
(Dorling Kindersley Verlag GmbH, 2014)

Exoplanets
Sara Seager
(University of Arizona Press, 2010)

Exploring the X-Ray Universe
Frederick D. Seward & Philip A. Charles
(Cambridge University Press, 2010)

Firefly Encyclopedia of Astronomy
Paul Murdin
(Firefly, 2004)

An Introduction to Modern Astrophysics
Bradley W. Carroll & Dale A. Ostlie
(Pearson, 2006)

Die Entdeckung des Universums
Paul Murdin
(Kosmos, 2014)

Mirror Earth: The Search for Our Planet's Twin
Michael D. Lemonick
(Walker Books, 2012)

Oxford Dictionary of Astronomy
ed., Ian Ridpath
(Oxford University Press, 2012)

Planetary Sciences
Imke de Pater & Jack Lissauer
(Cambridge University Press, 2001)

Geheimnisse des Universums
Paul Murdin
(Spektrum, Akad. Verl., 2009)

Space – Das Weltall
Carole Stott, Robert Dinwiddie & Giles Sparrow
(München, Dorling Kindersley, 2011)

Strange New Worlds: The Search for Alien Planets and Life Beyond Our Solar System
Ray Jayawardhana
(Princeton University Press, 2011)

Universe
Roger A. Freedman & William J. Kaufmann
(W. H Freeman, 2010)

Universe
Carole Stott & Martin Rees
(Dorling Kindersley, 2012)

Unveiling the Edge of Time: Black Holes, White Holes, Wormholes
John Gribbin
(Crown Publications, 1994)

WEBSEITEN

http://www.nasa.gov
Die staatliche Raumfahrtbehörde National Aeronautics and Space Administration (NASA) führt das nationale zivile Weltraumprogramm, Flugtechnik und Raumfahrtforschung durch. Sie tauscht Daten mit anderen nationalen und internationalen Organisationen über ihre Programme Earth Observing System, Great Observatories und Greenhouse Gases Observing Satellite aus.

http://apod.nasa.gov/apod/
Astronomy Picture of the Day zeigt jeden Tag ein anderes Bild aus der Astronomie oder Weltraumwissenschaft mit einer kurzen professionellen Erklärung.

http://kepler.nasa.gov
Die Website der NASA-Kepler-Mission. Das Weltraumobservatorium sucht nach bewohnbaren Planeten.

http://www.esa.int
Website der ESA, der Europäischen Weltraumbehörde. Die ESA ist eine internationale Organisation mit aktuell 22 Mitgliedstaaten. Sie ist an der Internationalen Raumstation ISS beteiligt, unterhält einen Weltraumbahnhof in Französisch-Guayana und entwickelt Trägerraketen.

http://www.russianspaceweb.com
Die russische Weltraumbehörde, allgemein Roscosmos genannt, führt das staatliche wissenschaftliche Weltraumprogramm und Weltraumforschung durch. Die genannte Webseite ist auf Englisch.

ÜBER DIE AUTORINNEN UND AUTOREN

HERAUSGEBER

François Fressin ist wissenschaftlicher Mitarbeiter an der Universität Harvard, Massachusetts. Geboren in Lille, Frankreich, schloss er dort sein Studium mit dem Mastertitel als Ingenieur ab. Er studierte Astrophysik an der Universität Paris und erhielt einen weiteren Master- und einen Doktortitel. Seine Forschung konzentriert sich auf die Entdeckung und die Charakterisierung von Planeten, die andere Sterne umkreisen. Er ist Mitglied der Kepler-Mission zur Entdeckung erdähnlicher Planeten, auf denen Leben möglich sein könnte. Dr. Fressin betreibt statistische Studien, um die Häufigkeit dieser entfernten Welten festzuhalten sowie deren Verbindung zu ihren Wirtssternen. Er ist Gründungsmitglied des A STEP-Projekts, das das Potenzial des Dome C in der Antarktis als astronomische Beobachtungsstation untersucht. Mit dem Kepler-Weltraumteleskop der NASA entdeckte er den Großteil der kleinsten, bisher bekannten Exoplaneten. Im Dezember 2011 entdeckte er zwei erdengroße Planeten, die einen anderen Stern als die Sonne umlaufen.

VORWORT

Martin Rees ist Fellow am Trinity College und Professor Emeritus für Kosmologie und Astrophysik in Cambridge, England. Er besitzt den Ehrentitel Königlicher Astronom, leitete zehn Jahre als Direktor das Institut für Astronomie in Cambridge und war von 2004–2012 als Master am Trinity College tätig. Seit 2005 gehört er zum britischen Oberhaus, von 2005–2010 fungierte er als Präsident der Royal Society. Er gehört der National Academy of Science, der American Academy of Arts and Science, der American Philosophical Society an und ist Ehrenmitglied der russischen Akademie der Wissenschaften sowie der Päpstlichen Akademie und verschiedenen anderen Akademien. Er war Präsident der British Association for the Advancement of Science (1994–1995) und der Royal Astronomical Society (1992–1994). Professor Rees gehört zum aktuellen Vorstand des Princeton-Instituts für weiterführende Studien, zum Cambridge Gates Trust und setzte sich in vielen Gremien für Bildung, Weltraumforschung, Rüstungskontrolle und internationaler wissenschaftlicher Zusammenarbeit ein.

Darren Baskill ist Astrophysiker an der Universität von Sussex in Brighton, UK, und Outreach-Manager für Physik und Astronomie. Dr. Baskill ist außerdem freiberuflicher Astronom für das Royal Observatory, Greenwich, London, er bietet Vorführungen im Planetarium und Kurse in Astrofotografie an.

Zachory K. Berta studiert Exoplaneten – Planeten, die um andere Sterne kreisen als unsere Sonne. Er engagiert sich aktiv in der Suche nach neuen Exoplaneten und dem Beobachten der Atmosphären dieser entfernten Welten, immer im Hinblick auf die uralte Frage: „Gibt es auch Leben woanders in der Galaxie?" Zachory Berta ist Absolvent des Astronomiestudiums am Harvard-Smithsonian Center für Astrophysik in Cambridge, Massachusetts.

Carolin Crawford ist Gresham-Professorin für Astronomie sowie Fellow und Dozentin am Emmanuel College in Cambridge, UK. Während ihrer Forschungen studierte sie die massereichsten Galaxien im Universum im Herzen der Galaxienhaufen. Sie betreut das Outreach-Programm am Institut fur Astronomie in Cambridge und hat vor großem Publikum bereits Hunderte von öffentlichen Vorträgen gehalten. 2009 erhielt sie den UKRC-Preis für wissenschaftliche Kommunikation. Professor Crawford ist regelmäßig im nationalen und lokalen britischen Radio zu hören.

Andy Fabian ist Royal Society-Forschungsprofessor am Institut für Astronomie an der Universität Cambridge, UK. Er leitet die Röntgenastronomie-Gruppe, beschäftigt sich mit Galaxienhaufen, Schwarzen Löchern und ihre Wechselbeziehung. Er war von 2008–2010 Präsident der Royal Astronomical Society. Eine seiner beruflichen Stationen war das Beobachten des Röntgenhimmels aus einer Rakete, die im australischen Outback bei Woomera gestartet wurde, um mehrere Wochen mithilfe des Chandra Röntgenteleskops den Perseus-Galaxienhaufen zu beobachten. Er freut sich auf die Arbeit mit den Daten des nächsten japanisch-amerikanischen Röntgenteleskops Hitomi (früher Astro-H).

Paul Murdin studiert als Astronom Supernovä, Schwarze Löcher und Neutronensterne. Er arbeitet am Institut für Astronomie an der Universität Cambridge, UK. In seinem früheren Leben bekleidete er wichtige Posten im British National Space Centre und bei staatlich finanzierten Behörden für Astronomie in Großbritannien. Dr. Murdin ist in zweiter Karriere Herausgeber von Fernseh- und Radiosendungen, Kommentator, Dozent und schreibt über Astronomie-Themen. Er wurde für seine internationalen Outreach-Leistungen im Bereich Astronomie und Wissenschaft von Queen Elizabeth II. zum Offizier des Ordens des Britischen Königreichs ernannt.

STICHWORTVERZEICHNIS

DANKSAGUNG

BILDNACHWEISE
Der Herausgeber dankt den nachfolgend Genannten für die freundliche Genehmigung, Bilder in diesem Buch zu verwenden. Mit größter Sorgfalt wurden die Bilder zugeordnet, sollte es dennoch unbeabsichtigt zu Verwechslungen gekommen sein, entschuldigen wir uns dafür.

Diverse Bilder stammen von der ESA/ European Space Agency und der NASA/NASA/ nasaimages.org

Corbis/Bettmann: 98; Colin McPherson: 66.
Fotolia: 26.
Getty Images/Evelyn Hofer/Time Life Pictures: 140.
Science Photo Library: 30, 81.